产品设计效果图
手绘表现技法（第二版）

张哲浩　汪海溟　编著

清华大学出版社

北　京

内 容 简 介

本书从产品手绘的基础知识出发，在内容安排、知识讲解等方面突出步骤教学与案例赏析的特点，系统介绍了产品设计手绘表现技法这一产品设计专业的必备技能。全书共分为8章，具体内容包括概述、效果图表现的基本工具、产品设计表现技法的基础训练、产品色彩与材质表现、基本造型的光影基础、产品设计效果图的种类与表现方法、效果图版面设计、优秀作品欣赏与解析。

本书可作为高等院校工业设计专业、产品设计专业及其他相关专业的教材，也可供广大从事工业产品设计工作的人员阅读参考。

图书在版编目 (CIP) 数据

产品设计效果图手绘表现技法 / 张哲浩，汪海溟编著. —2 版. —北京：清华大学出版社，2023.5
高等院校产品设计专业系列教材
ISBN 978-7-302-63451-5

Ⅰ.①产…　Ⅱ.①张…②汪…　Ⅲ.①产品设计—绘画技法—高等学校—教材　Ⅳ.① TB472

中国国家版本馆 CIP 数据核字 (2023) 第 079009 号

责任编辑：李　磊
封面设计：陈　侃
版式设计：孔祥峰
责任校对：马遥遥
责任印制：宋　林

出版发行：清华大学出版社
　　　　网　　　　址：http://www.tup.com.cn，http://www.wqbook.com
　　　　地　　　　址：北京清华大学学研大厦A座　　　　邮　　编：100084
　　　　社　总　机：010-83470000　　　　邮　　购：010-62786544
　　　　投稿与读者服务：010-62776969，c-service@tup.tsinghua.edu.cn
　　　　质　量　反　馈：010-62772015，zhiliang@tup.tsinghua.edu.cn
印　装　者：三河市龙大印装有限公司
经　　销：全国新华书店
开　　本：185mm×260mm　　　印　　张：11.25　　　字　　数：229千字
版　　次：2018年3月第1版　　　2023年7月第2版　　　印　　次：2023年7月第1次印刷
定　　价：69.80元

产品编号：101979-01

编委会

主　编

兰玉琪

副主编

高雨辰

高　思

序

设计，时时事事处处都伴随着我们，我们身边的每一件物品都被有意或无意地设计过或设计着，离开设计的生活是不可想象的。

2012年，中华人民共和国教育部修订的本科教学目录中新增了"艺术学-设计学类-产品设计"专业，该专业虽然设立时间较晚，但发展趋势非常迅猛。

从2012年的"普通高等学校本科专业目录新旧专业对照表"中，我们不难发现产品设计专业与传统的工业设计专业有着非常密切的关系，新目录中的"产品设计"对应旧目录中的"艺术设计(部分)""工业设计(部分)"，从中也可以看出艺术学下开设的"产品设计专业"与工学下开设的"工业设计专业"之间的渊源。

因此，我们在学习产品设计前就不得不重点回溯工业设计。工业设计起源于欧洲，有超过百年的发展历史，随着人类社会的不断发展，工业设计也发生了翻天覆地的变化：设计对象从实体的物慢慢过渡到虚拟的物和事，设计方法越来越丰富，设计的边界越来越模糊和虚化。可见，从语源学的视角且在不同的语境下厘清设计、工业设计、产品设计等相关概念，并结合对围绕着我们的"被设计"的事、物和现象的观察，无疑可以帮助我们更深刻地理解工业设计的内涵。工业设计的综合性、交叉性和边缘性决定了其外延是广泛的，从艺术、文化、经济和技术等不同的视角对工业设计进行解读或许可以更全面地还原工业设计的本质，有利于人们进一步理解它。从时代性和地域性的视角对工业设计的历史进行解读并不仅仅是为了再现其发展的历程，更是为了探索工业设计发展的动力，并以此推动工业设计的进一步发展。人类基于经济、文化、技术、社会等宏观环境的创新，对产品的物理环境与空间环境的探索，对功能、结构、材料、形态、色彩、材质等产品固有属性及产品物质属性的思考，以及对人类自身的关注，都是工业设计不断发展的重要基础与动力。

工业设计百年的发展历程为人类社会的进步做出了哪些贡献？工业发达国家的发展历程表明，工业设计带来的创新，不但为社会积累了极大的财富，也为人类创造了更加美好的生活，更为经济的可持续发展提供了源源不断的动力。在这一发展进程中，工业设计教育也发挥着至关重要的作用。

随着我国经济结构的调整与转型，从"中国制造"走向"中国智造"已是大势所趋，这种巨变将需要大量具有创新设计和实践应用能力的工业设计人才。党的二十大报告为我国坚定推进教育高质量发展指出了明确的方向。艺术设计专业的教育工作应该深入贯彻落实党的二十大精神，不断创新、开拓进取，积极探索新时代基于数字化环境的教学和实践模式，实现艺术设计的可持续发展，培养具备全球视野、能够独立思考和具有实践探索能力的高素质人才。

　　未来，工业设计及教育，以及产品设计及教育在我国的经济、文化建设中将发挥越来越重要的作用。因此，如何构建具有创新驱动能力的产品设计人才培养体系，成为我国高校产品设计教育相关专业面临的重大挑战。党的二十大精神及相关要求，对于本系列教材的编写工作有着重要的指导意义，也进一步激励我们为促进世界文化多样性的发展做出积极的贡献。

　　由于产品设计与工业设计之间的渊源，且产品设计专业开设的时间相对较晚，那么针对产品设计专业编写的系列教材，在工业设计与艺术设计专业知识体系的基础上，应当展现产品设计的新理念、新潮流、新趋势。

　　本系列教材的出版适逢我院产品设计专业荣获"国家级一流专业建设单位"称号，我们从全新的视角诠释产品设计的本质与内涵，同时结合院校自身的资源优势，充分发挥院校专业人才培养的特色，并在此基础上建立符合时代发展要求的人才培养体系。我们也充分认识到，随着我国经济的转型及文化的发展，对产品设计人才的需求将不断增加，而产品设计人才的培养在服务国家经济、文化建设方面必将起到非常重要的作用。

　　结合国家级一流专业建设目标，通过教材建设促进学科、专业体系健全发展，是高等院校专业建设的重点工作内容之一，本系列教材的出版目的也在于此。本系列教材有两大特色：第一，强化人文、科学素养，注重中国传统文化的传承，吸收世界多元文化，注重启发学生的创意思维能力，以培养具有国际化视野的创新与应用型设计人才为目标；第二，坚持"科学与艺术相融合、创新与应用相结合"，以学、研、产、用一体化的教学改革为依托，积极探索国家级一流专业的教学体系、教学模式与教学方法。教材中的内容强调产品设计的创新性与应用性，增强学生的创新实践能力与服务社会能力，进一步凸显了艺术院校背景下的专业办学特色。

　　相信此系列教材的出版对产品设计专业的在校学生、教师，以及产品设计工作者等均有学习与借鉴作用。

天津美术学院国家级一流专业(产品设计)建设单位负责人、教授

前 言

产品设计的研究对象包含了人、物与环境，基于对这三者的研究，设计师们进而探讨人类生活方式的革新问题。产品设计将科学、技术、文化有机地结合在一起，反映的是人们造物的思维。

时代的发展日新月异，设计领域的竞争也越发激烈，特别是在计算机辅助设计技术迅速发展的今天，设计师行业面临着人工智能技术带来的冲击。在时代的浪潮中，当代设计师要提升自身价值，就必须回归到最开始的灵感表达，对于设计的前期构思有更高的要求，并且具备快速表达想法的能力。

产品设计手绘表现，作为产品设计师必备的技能，其体现出来的不仅仅是简单的设计作品，还有设计师思维创新的过程和总结。优秀的产品手绘表现设计图反映的不只是产品本身，还包含产品的特质、产品与人和环境的关系，是设计师灵活表现创意思维并与合作者交流的语言。

产品设计效果图赋予设计师思考、梳理、转化的能力，就像音乐家用音符表达音乐，文学家用文字抒发理想，舞蹈家用肢体表达情感，设计师笔下的流动草图能够将设计师脑海中混沌、模糊、抽象、琐碎的想法在纸上逐渐转化为清晰的图解图形。设计师通过效果图表现，将头脑中的创意与构思不断优化，并且将设计的核心理念表达出来。

"产品设计效果图手绘表现技法"对于产品设计专业的学生来说是一门必修课，它在核心类课程当中能够起到承上启下的作用，锻炼并提升学生的构思能力、造型能力、梳理能力及表达能力，将自己的设计想法快速、直观且准确地表达出来。手绘教学的初衷是为了培养一种设计表达的思维，学生要对产品的形态特征、结构特征及细节特征进行构思和记录，不断丰富自己的设计储备，以运用在后期的专业设计类课程当中。

党的二十大报告为我国坚定推进教育高质量发展指出了明确的方向。在此背景下，本教材编写组以"加快推进教育现代化，建设教育强国，办好人民满意的教育"为目标，以"强化现代化建设人才支撑"为动力，以"为实现中华民族伟大复兴贡献教育力量"为指引，进行了满足新时代新需求的创新性教材编写尝试。

本书重点介绍了产品设计效果图表现的基础知识，内容囊括了几乎所有能够用到的手绘技法，从创意构思阶段、草图绘制、灵感表达，再到对不同种类上色工具的特性介绍，以及对透视构图、形体练习知识、基本光影明暗知识的讲解。书中从产品手绘的不同目的和角度出发，对爆炸图、流程图等手绘表现方法进行逐一介绍，并详细讲解效果图整体版面的构图与设计，力求成为产品手绘表现技法基础知识的科普全书。

本书共分为8章：第1章为概述，介绍产品设计效果图表现的目的、作用和重要性，以及产品效果图在产品设计不同阶段的应用；第2章为效果图表现的基本工具，介绍单色产品效果图和彩色产品效果图的绘图工具和使用方法；第3章为产品设计表现技法的基础训练，具体阐述效果图表现中所运用到的透视规律及基本形体练习两部分内容；第4章为产品色彩与材质表现，重点介绍产品设计效果图中色彩与材质的表现方式；第5章为基本造型的光影基础，以不同类型的几何形体为基本形态进行光影表现方式的介绍，并将其运用到产品效果图的光影表现中；第6章为产品设计效果图的种类与表现方法，集中介绍产品设计效果图除了主效果图外所涉及的其他类型图，并且结合案例对表现方法与表现步骤进行了具体展示；第7章为效果图版面设计，从效果图不同类型模块的组合，到产品效果图绘图角度及尺度的选择，再到一个完整效果图版面的构图方式，从整体性的角度对产品设计效果图表现进行了补充；第8章为优秀作品欣赏与解析，结合快题效果赏析与优秀效果图案例，展示了不同产品设计效果图的绘制风格，以及经验和技巧。

本书希望通过对产品设计效果图手绘表现技法进行系统性的介绍，使学生对于产品设计效果图的理解不仅仅停留在草图阶段，而是能够产生更全面、更清晰的认识，掌握效果图的表现规则，并熟练地运用于产品设计的专业类课程中，充分激发学生的设计灵感。

为便于学生学习和教师开展教学工作，本书提供立体化教学资源，包括PPT课件、教学大纲、教案等，读者可扫描右侧二维码获取。

本书由张哲浩、汪海溟编著，兰玉琪、寇开元、周旭、龙泉、彭子珊、覃洪艺、李巨韬、罗显冠、潘润鸿、谭周等也参与了本书的编写工作。由于作者水平所限，书中难免有疏漏和不足之处，恳请广大读者批评、指正。

教学资源

编　者

2023.3

目录 CONTENTS

第1章

概　述

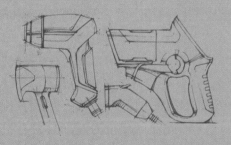

Product Design

1.1 了解效果图表现

1.1.1 效果图表现的目的

工业设计是依据市场需求对工业产品进行预想的开发设计，是通过对市场的分析，对预想的工业产品从形态、色彩、材料、构造等各方面进行的综合设计，使产品既具有使用功能——满足人们的物质需要，又具有审美功能——满足人们的精神需求。好的工业设计，能够使产品最终实现人、产品、环境等各方面的协调。

在产品的研发过程中，设计方案需要经过反复地推敲和论证，不断地进行修改，而产品手绘效果图就肩负着这项重任。所以手绘图应该具有能充分体现出新产品的设计理念的作用；能体现设计者的设计意图，具备沟通交流的功能；能体现新产品在使用功能上的创新性和在满足精神需求上的审美性。

学习手绘的目的是考虑如何能体现工业设计的本质，为创意顺利实现而服务。产品的手绘表达既体现了设计者的感性形象思维，同时反映着设计者理性的逻辑思维，它承载着产品的审美主体角色，也肩负着形态创造、工程分析乃至市场前景预测的重任。因此，手绘图不单纯只是一种表现手段，手绘能力的训练也不能只停留在单纯的技法研究上。传统的手绘训练中只强调了准确的造型能力，甚至还只是停留在对已有产品的模仿上，这显然是不够的。产品手绘表现教学，是通过培养学生运用眼、脑、手三位一体的协作与配合，进行对产品形态的直观感受能力、造型分析能力、审美判断能力和准确描绘能力的训练。

当前，一些设计工作者对计算机辅助设计表达的认识存在误区，过分强调计算机绘图的重要性而忽视手绘设计表达能力的培养和提高。计算机对设计表现有特殊的作用，但画图的最终目的不在于表现图本身如何，而在于如何更好地体现设计师的设计意图。手绘设计表达是计算机辅助设计表达的基础，是设计师获得设计能力的重要前提，因此手绘图的训练更应受到重视。通过训练可以培养设计师的审美能力、敏捷的思维能力、快速的表达能力、丰富的立体想象力等。

设计手绘图的目的在于探讨、研究、分析、把握大的设计方向及功能上大的设想，造型上的寓意表达、色彩的搭配、结构的连接方式、材料的使用等。计算机辅助设计表达则是在此基础上去拓展这些方面的可能性，并根据设计构想草图提供的数据，对草图中有限的几个角度的图形进行立体的创造，并通过三维空间运动来观察各个方位、角度，以修正平面中的不足，确立设计与使用功能、结构方式与材料加工、整体与局部等，使它们之间的关系处于一种相对的最佳状态。

手绘图训练中应充分发挥手绘表现图能够快速表达构想这一突出特点，改变以往长时间注重各种技法的训练，而不注重设计速写和快速表现练习的训练。手绘表现是设计师以最快的速度表达设计思维、设计想象、设计理解的最有效的表现手法，是工业设计师必须掌握的一项重要的基本功。

1.1.2　效果图表现的功能与类型

效果图表现不是纯绘画艺术的创造，而是在一定的设计思维和方法的指导下，对符合生产加工技术条件和消费者需要的产品进行设计构想，通过技巧加以视觉化的技术表达手段。它具有快速表达构想、推敲方案延伸构想和传达真实效果的功能。

效果图表现通常分为方案构思草图、精细草图和效果图3种。

随着材料和工具的不断进步，表现技法也变得越来越丰富。现在普遍使用的技法有：马克笔表现、透明水色法、水粉画法、马克笔和色粉结合的画法、马克笔和彩色铅笔结合的画法、底色高光法，以及色纸画法等。

1.1.3　产品设计效果图的重要性

产品设计这一学科的实践性很强，既要发挥设计师的设计能力，又要结合实际的生产能力。一个设计项目启动，设计师首先需要对消费人群和使用环境进行分析，对预想的工业产品进行研发设计，从市场的角度出发，要符合市场需求，然后根据前期的大量调研资料和群体定位进行产品设计。一件产品从调研到量产，特别是对模具的投入成本是很大的，所以产品在进行量产之前要经过反复论证、讨论、修改，而讨论修改过程中就需要产品效果图。

产品效果图在设计前期是作为讨论媒介的，在整个设计流程当中还要制作草模、产品的手板等，这个过程中手绘的产品设计效果图可作为指导，具有不可替代的作用。因此，每一位设计师必须具备手绘的基本能力，它可以让设计师在设计交流过程中准确而快速地表达设计思维。

一张好的手绘作品，其实并不仅仅是画得好，因为设计手绘要根据实际情况绘制：记录想法时的手绘要迅速、准确地抓住设计灵感，表达出一瞬间的真实思想；而提案时的手绘需要精细，注意到每一个细节，以及材质的表现等，甚至连使用这个产品的场景都要表现出来。

1.2　产品效果图在不同设计阶段的应用

1.2.1　初期创意构思阶段

设计师不管是独立创作，还是与他人合作，都应该保持灵活、开放的思维状态。不要轻易否定任何创意，才能为以后创意的修改留下空间。在这一阶段，是否正确地表现出产品的透视或明暗关系并不是最重要的，设计创意能否符合客户的要求才是关键。举例来说，可以先画一些产品示意图或者初始的造型，其形式可以是侧视图，也可以是一些充满创意的线条，如图1-1中表现的那样。在这个视觉思维阶段，便笺纸上的文字和那些启发灵感的图片，能以讲故事的方式表达出设计师的想法。

图1-1　加湿器的外形轮廓草图

　　在这一阶段，最典型的画稿就是"涂鸦"和"缩略图"，因为此时并不用考虑细节，所以小草图最为适合。如果草图能画得大一点，或者使用粗一点的画笔则更好，如用马克笔代替签字笔或彩色铅笔，可以达到表现细节的效果。

　　选择相同的比例和角度在纸上绘制草图，只考虑基本的外形风格和外形轮廓就可以，不用考虑产品细节上的问题，如图1-2所示。

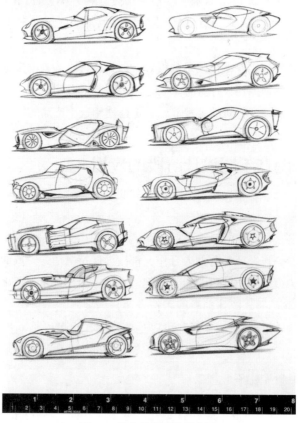

图1-2　汽车的侧面轮廓草图

很多设计师喜欢把创意画在一个小本子上，如图1-3所示。有了这个小本子，设计师就可以随时随地进行创作，在最初创意草图的基础上衍生出新的草图，可以不断地改进创意或表达出新的想法。这个小本子就像视觉创意的回忆录一样，集合了所有创意的变化过程。

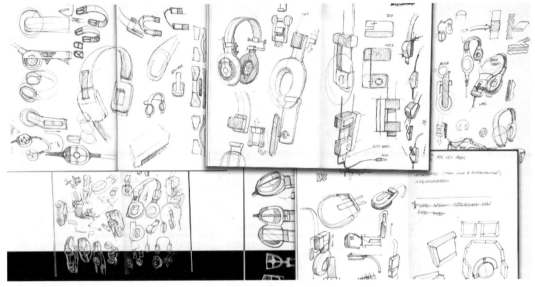

图1-3 耳机设计草图

一张草图可能会发展为两种情况，一种是这个想法不停变化从而产生新的创意，另一种则是这个想法已出现在之前绘制的草图里。此时，不要去评价任何一个创意，要保持思维状态是灵活开放的，最重要的是继续产生大量创意，不断地进行变形。稍后再对这些草图和创意进行评价，并总结成一个系列。这一阶段还包括在全部创意中做出选择，这些潜在的优秀创意日后可能会发展成为真正的设计方案。

产生大量创意、进行评价、从中做初选，创意想象在这个过程中起到了使产品设计不断循环的重要作用。每一次的重复都会将大量创意总结成一个或几个结果，而这些结果便会构成下一阶段的工作目标。在下一阶段，设计师需要想出更多的办法来解决问题、优化创意。如图1-4中，在进行了大量台灯的方案草图绘制后，经过自主选择或讨论，有目的地将方案中重要的关键点和可保留的部分总结出来，并在草图中圈出以做标注。

在创意构思阶段，每一个想法都会有很多"问题"需要解决或优化。这些"问题"涵盖了设计、道德、对环境造成的影响、材料的选择、技术实现、组装、安全性、结构，以及最终效果等方面。每一个"问题"可能会有许多相应的解决方法，而设计师则需要整理这些解决方法，然后从中做出选择。这个阶段的草图要比前一个阶段画得更加精细，因为设计师需要用草图来表现物体两个部分之间的连接方式，以便在技术上寻找合适的解决方法，这些也都会在最终的定稿中体现出来。在创意构思阶段结束后，我们可以用适合的方式把这些创意呈现给客户。如图1-5中，设计师在绘制简易水泥搅拌机方案时，在外形基本确定的基础上，会对物体各部分之间的连接方式进一步地思考和绘制，以便对方案的实现形式和结构细节进行交代。

图1-4　台灯的设计草图

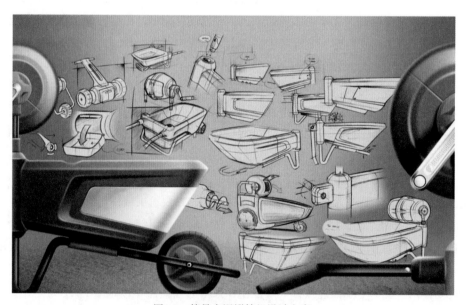

图1-5　简易水泥搅拌机设计方案

　　从本节的设计草图中可以看出,在创作的开始设计师应具有积累更多素材和图像的意识,以便日后使用。

1.2.2 设计交流与汇报演示阶段

在设计交流阶段，方案可能是由设计师或管理层内部选择的，也有可能是由设计师与客户一起决定的。此时的方案草图与原有的想法也许存在很大差异，但却是对已有设计的一种反映。设计师应从中选择出最关键的草图，用来进行后续的步骤，逐步产生更多的变化和创意，直到设计过程的早期阶段结束，产品设计的最终创意才会出现在彩色设计图中。

如图1-6所示，最终产品的设计创意包括玩具车和一个小型无储尘袋的掌上真空吸尘器。玩具车内部有一个充电电池，可以通过孩子玩玩具车的过程为电池充电，这也是吸尘器的动力来源。从设计草图可以看出，这个方案与设计师原有的想法并不一样，而这些修改就是在设计交流过程中做出的。

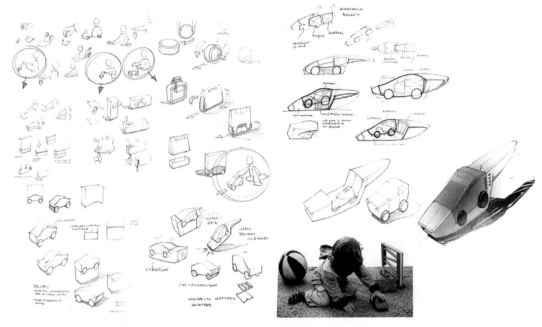

图1-6 真空吸尘器的方案草图及最终定稿

在设计过程中的很多阶段，汇报演示都需要使用草图和设计图。在这个阶段，设计师应该将不同的创意用相似的方式表达出来，所有方案的汇报设计图的风格都应该相同，要真诚地为客户提供选择而不要使用不同的手绘风格或设计图形式来混淆视听。有时候设计师可能希望客户可以从许多创意方案中进行选择，但大量不同的设计草图会让人感到困惑，所以在不同的设计草图中突出创意的特点就显得尤为重要。

每个项目中不同的意见和争论都是非常重要的，因此与不同部门进行交流也非常必要，汇报演示不仅可以用于与内部的团队成员进行交流，还可以用于外部交流。此时，设计师要注意区分展示对象，如将创意展示给对产品非常有经验的客户，和将同一个创意展示给更在乎投资回报率的投资人，草图的绘制方式是完全不同的，应该使用快速表现还是将设计图画得精细一些都取决于以上因素。例如，将产品设计外包的客户，必然具备与自己产品的市场、技术细节等方面相关的知识，以便于将设计创意与现有的产品、生产技术进行对比；来自外界相关产品和行业的专业人士，如客户、经理或用户，他们需要看到设计的其他方面，而一般不会察觉绘图技巧的细节，并且对此也不是很有兴趣，他们只是希望看到一张清晰的、关于该产品在日常生活中应用的图像。

1.2.3　细节与造型完善阶段

在设计方案基本确定的阶段，需要确定产品所有的细节问题，如产品表面的光泽度和具体的尺寸，还需要对一些细节部分的特征进行刻画，绘制出侧视图和透视图。不同的设计图可以更好地表现细节，还可以将它们与整个产品的关系表现得更加明确。

为了实现方案，设计师常常会对创意进行修改，通过不断地完善设计创意，将最终的方案确定下来。这个阶段的主要工作是解决问题、优化设计方案、与不同的部门进行交流，直到细节部分确定，技术上的问题也已解决。对于设计师来说，此时要做的就是用同一幅设计图去进行沟通和交流。创意设计是永远不会"完成"的，设计草图是很好的工具，可以在短时间内对设计做出修改，因为草图是最快也是最具表现力的形式。

使用工程制图的结构图或已有产品的图片作为底图，设计师可以快速地画出一系列不同的造型，模型的照片也同样可以，如图1-7所示。这种绘制草图的方式较常应用在外形较复杂或者对于形体尺度比例要求较高的产品中，如汽车、摩托车或大型器械等。

图1-7　在原有产品图的基础上绘制草图

如果草图的尺寸没有限制，最好将侧视图和透视图作为底图，然后花些时间修改产品的造型，因为产品的情感化表达都是由其造型决定的。

在真正进入产品生产阶段以前，设计师还需与结构工程师沟通，这个过程中需要绘制"前期工程"设计草图。这些草图是解释方案中部分技术问题原理的示意图，一般会在工程会议中完成。在这个阶段，通常会画出简易的工程侧视图和分解图。侧视图可以突出单一的产品信息；分解图主要用于展示各个部件之间的关系，并集中、直接地给出解决办法。图1-8为知名腕表品牌"宇舶"的机械表设计图，最初设计腕表时，在进行基本的外形设计和定位以后，根据设计外形和理念绘制出腕表内部原理的示意图和结构分解，在功能可实现性的基础上，进一步确定外形细节和最终方案。

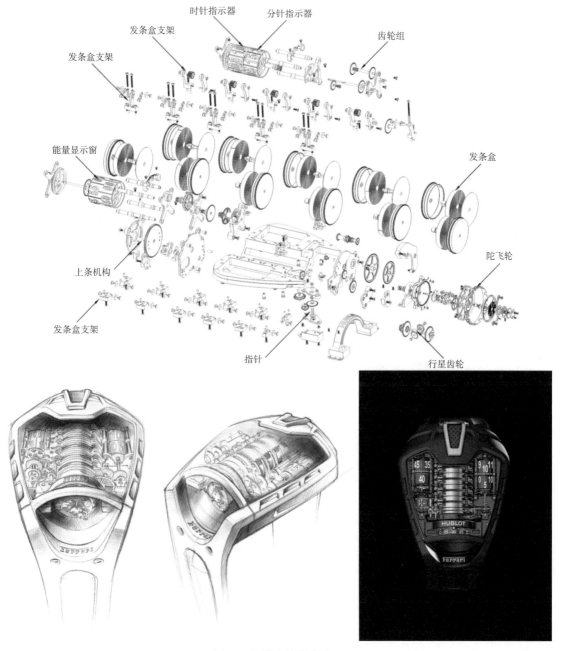

图1-8 机械表的设计图

在交流的过程中，不同的部门都会需要各种特殊的设计图来了解产品多方面的特征。因此，在绘制设计图时，一定要注意它是在哪个阶段使用，或者说想要阐释和表现设计的哪方面特征，哪些部门会用到它。这些因素决定了绘图从开始到完成过程中的诸多选择。

第 2 章

效果图表现的基本工具

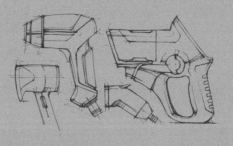

Product Design

2.1　笔类绘图工具的使用方法

在进行工业设计效果图手绘表现时，工具的运用是影响画面效果的主要因素之一。画材工具包括纸、铅笔(HB、4B、6B等)、彩铅、钢笔、圆珠笔、水性笔、橡皮擦等，如图2-1所示。笔类工具的选用取决于设计的产品是什么类型，以及设计师想要达到的表现效果。

图2-1　画材工具

2.1.1　铅笔的使用

铅笔是最常用且方便的工具，主要原因是铅笔在进行画线和造型设计时可以十分精确，又能较随意地修改，还能较为深入细致地刻画细节部分，铅笔的色泽又便于表现产品手绘效果图风格中的许多银灰色层次，应用于产品设计手绘图中效果较好，有利于严谨的产品形体表现和深入反复的造型研究。

在进行基础素描的时候，使用的工具基本都是铅笔，铅笔的种类较多，根据笔芯的软硬，画出的调子也有深浅之分。现有的国产铅笔分为两种类型：以HB为界线，向软性与深色变化的是B～6B，为了更适应绘画的需要又增加了7B和8B两种，称为绘画铅笔；向硬性发展有H～6H，大多应用于精密的工业机械制图、产品设计表现等领域。

图2-2和图2-3为铅笔绘制的产品结构素描效果图。

图2-2　铅笔绘制的产品结构素描效果图(1)

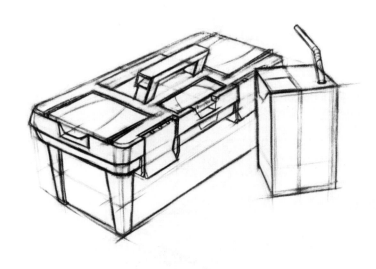

图2-3　铅笔绘制的产品结构素描效果图(2)

2.1.2　炭笔的使用

炭笔是一种质感很好的绘画工具，炭笔色阶表现的丰富程度远远超过了铅笔，而且在绘制产品效果图曲面光影变化的时候，还可以用手指涂抹画在纸面上的炭笔粉末以产生柔和的色调层次，表现手段非常丰富。常见的一些炭笔和炭精条画材，如图2-4所示。

图2-4　炭笔与炭精条画材

　　但是炭笔在纸面上的附着力较弱，碳粉会轻易地脱落，很容易弄脏画面，因此画效果图的过程中最好配合素描定画液使用，画完之后喷一层定画液，这样就不会蹭掉画面中的炭笔痕迹了。炭精条比木炭条的附着力强一些，不过笔触手感稍微硬一些。

　　炭铅笔结合了铅笔和炭笔的优点，比较适合刻画细节，画面中的笔触不会像铅笔那样产生反光。现在有不少产品效果图的线稿是用炭铅笔来完成的，图2-5和图2-6为炭铅笔绘制的产品效果图。

图2-5　炭铅笔绘制的产品效果图(1)

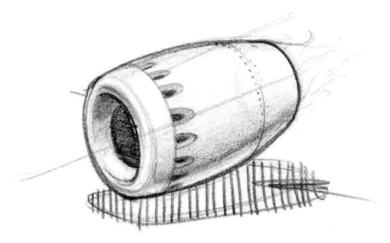

图2-6　炭铅笔绘制的产品效果图(2)

2.1.3　钢笔与针管笔的使用

钢笔、针管笔都是设计师画线的理想工具，尤其适合有一定基础的设计师。在画线过程中，要发挥各种型号的钢笔笔尖形状的优势，用线的排列和线与线之间的组织排列来塑造产品中的明暗区域，追求虚实变化以达到拉开空间的效果。这些工具也可针对不同产品的材质、肌理、质地采用相应的排线方法，以区别效果图表现中产品材质的刚、柔、粗、细，还可按照产品结构关系来组织各个方向与疏密的变化，以达到画面表现上的层次感、空间感、质感、量感，以及整幅画面效果的节奏感、韵律感。

1. 钢笔

钢笔可归类为自来水型硬质笔尖的笔，在练习画图时所使用的钢笔不局限于那种专业用笔，也可以使用日常书写的钢笔来绘画，如图2-7所示。

图2-7　钢笔类工具

钢笔这种工具简单、携带方便，用钢笔绘制的线条流畅、生动，富有节奏感和韵律感。钢笔勾勒出的线稿，通过线条自身的变化和线与线之间的巧妙排列组合表现产品形态。

15

钢笔工具比较适合对平时的设计思想进行记录，这是因为钢笔线条通过粗细、长短、曲直、疏密等排列组合，可体现不同的质感，也容易快速表现出来。另外，钢笔画出的线条样式非常丰富，直线、曲线、粗线、细线、长线、短线等，都有各自的特点和美感，画图时能够提炼、概括出产品的典型特征，生动、灵活地表现产品的设计理念。

图2-8为钢笔画表现的一些产品效果，有直线的立方体的表现，也有曲线在汽车外轮廓上的运用，体现了钢笔工具的优点。

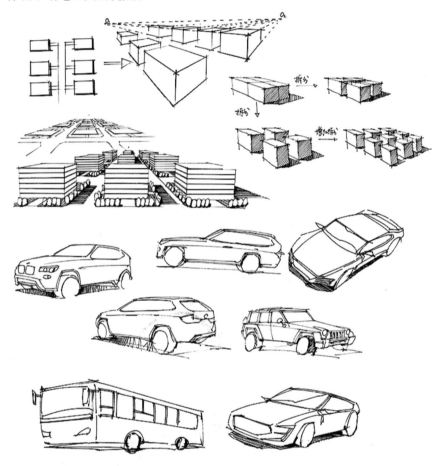

图2-8　钢笔画表现的产品效果

这里推荐一个小技巧，用钢笔绘图的时候可先对笔尖做一点加工，将钢笔尖用小钳子往里弯30°左右，这样画出来的线条比较有韧性，而且更加纤细流利，将笔尖调换反写会加粗线条，绘画者可自如控制线条粗细。

2. 针管笔

针管笔是各类绘图笔中笔头最为纤细的，画效果图的时候，针管笔要备好几种型号，如用0.1、0.3、0.5和0.8，这些不同型号的针管笔直接影响着线的粗细，而有了线型的变化画面效果才会更加丰富，图2-9为部分针管笔不同粗细的直观展示。

针管笔有灌装墨水的专业针管笔，也有一次性的针管笔，灌装墨水的针管笔保养比较麻烦，而且需要定期注入墨水，所以使用一次性的针管笔可能会更加方便。另外，针管笔在硫酸纸上的挥发性好，画出来的线条流畅，而灌装墨水的针管笔画出的墨迹干得很慢，很容易蹭脏画面。

图2-9 不同粗细针管笔画线效果

针管笔在产品效果图表现中，对于产品边缘的刻画起到了非常重要的作用，如图2-10所示。运用针管笔绘制的产品效果图，如图2-11所示。

图2-10 针管笔表现产品效果图的过程

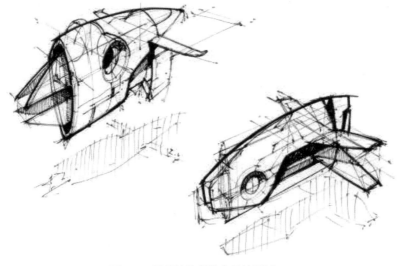

图2-11 针管笔绘制的产品效果图

17

2.1.4 高光笔的使用

在绘制手绘效果图时还需要使用高光笔，它是在创作中提高画面局部亮度的工具。白色水溶性彩铅、修正液等都可以归纳为高光笔的范畴，也可以用细小的毛笔蘸白色水粉颜料进行画面中高光部分的绘制，如图2-12所示。

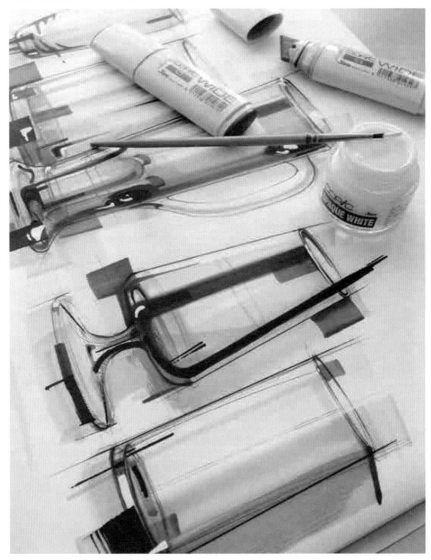

图2-12 高光笔在产品效果图中的运用

2.1.5 鸭嘴笔的使用

鸭嘴笔是一种绘制粗细均匀的线条的工具，可用于画效果图中的线稿、直线，通常要配合界尺使用。鸭嘴笔画出的直线边缘整齐，而且粗细一致。画直线时，握鸭嘴笔的姿势一定要注意，手握笔杆垂直于纸面均匀用力，从左至右横向拉线，注意速度不要太快，这样才能画出均匀的直线。

在使用时，鸭嘴笔不应直接蘸墨水，而应该用蘸水笔或是毛笔蘸上墨汁后，从鸭嘴笔的夹缝处滴入使用，然后再拧鸭嘴笔前端的螺丝，通过调整笔前端的螺丝来确定所画线条的粗细，螺丝拧得越紧画出的线条越细，螺丝拧得越松画出的线条越粗。

不过鸭嘴笔使用起来不方便，在绘画过程中存在各种弊端，如每画一根线都要用毛笔蘸上颜料或者将墨汁滴入鸭嘴笔前端的夹缝，有的时候滴不准，还要用纸巾擦干净鸭嘴笔前端部分，如图2-13左图所示的传统鸭嘴笔。现如今的新款鸭嘴笔产品已经解决了这些问题，图2-13右图所示的改良后的鸭嘴笔，既固定了线条的粗细，也减少了蘸取墨水的过程。

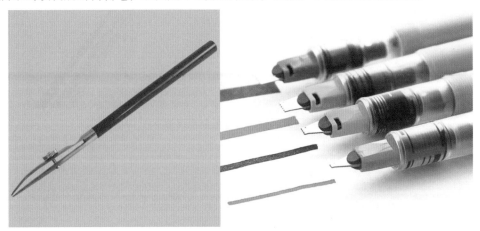

图2-13　传统鸭嘴笔与改良后的鸭嘴笔

2.1.6　蘸水笔的使用

蘸水笔没有清晰的分类，一般油画笔、水粉笔都能作为蘸水笔使用。蘸水笔的种类较多，各类蘸水笔笔尖的粗细及形状各有不同。一些常见的蘸水笔工具，如图2-14所示。

图2-14　蘸水笔工具

蘸水笔也可以用来直接画线,我们可以根据所画效果图的内容选用不同粗细的蘸水笔。有的蘸水笔笔尖弹性很强,可根据下笔的力度画出粗细不同的线条,如图2-15和图2-16所示。

图2-15 蘸水笔重压绘制粗线条

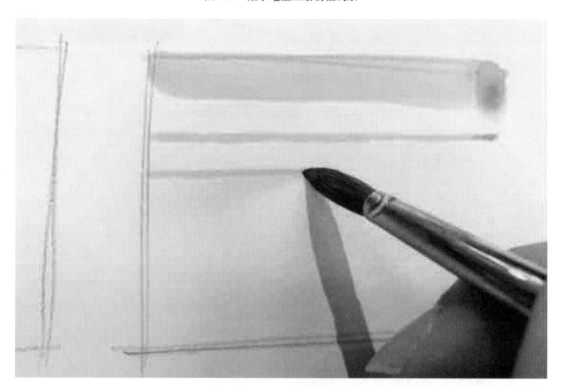

图2-16 蘸水笔轻压绘制细线条

有的蘸水笔笔头是小圆形,圆笔尖适合画很细的线条,如图2-17所示。蘸水笔画出的细线条比较圆滑,最适合画轮廓线。

总之,可以依照画图过程中出现的不同情况,以及想要得到的效果,选用相应笔头的蘸水笔。

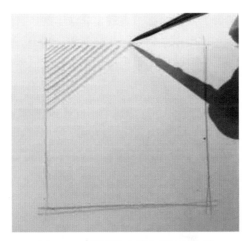

图2-17 小圆形笔尖蘸水笔绘制排线

2.2 上色绘图工具的使用方法

在产品设计快速表现中，需要用各种丰富的色彩、纹路、肌理来表现产品的特质、材质、光影等，以增强产品效果图的表现力。

现在画效果图的方法渐渐从传统的用一大堆工具(如鸭嘴笔、界尺等)的复杂表现，进化为用马克笔、彩铅的快速表现，所以对于上色工具的选择及运用要有一种新的认识。一般情况下，铅笔、水笔、钢笔等适宜画清晰的线条，水粉笔易于为大面积上色；产品背景的大区域可以用大笔触，也就是毛笔、水粉笔来挥洒，而产品的细节部分则可用铅笔或水笔去勾画，炭铅笔则是在两种情况下皆可使用。

2.2.1 彩铅上色

彩色铅笔是常用的、容易掌握的绘图上色工具，通常具有一定素描基础的设计师都比较喜欢用彩色铅笔绘图。图2-18为常见的彩色铅笔画材，有很多颜色可供选择，我们可以选购18～48色任意类型和品牌的彩色铅笔。

图2-18 彩色铅笔画材

彩色铅笔可以通过水的稀释和渐变涂抹，表现出非常丰富、自然的色调过渡和细腻层次。此外，彩色铅笔在绘图过程中还可以用来勾线，非常方便。其中，水溶性彩色铅笔可发挥溶水的特点，用水涂色取得浸润感，也可通过用手指或纸来擦拭笔迹涂抹出柔和的效果。水溶性彩铅的浸水效果，如图2-19所示。

图2-19　水溶性彩铅浸水效果

彩色铅笔在效果图手绘表现中起到非常重要的作用，无论是对概念方案、草图还是最终的产品效果图而言，它都是一种既操作简便又效果突出的优秀画图工具。设计师经过大量练习，可以很好地掌握彩色铅笔的绘图技巧。

绘制效果图的时候，用彩铅上色一定要有耐心，因为使用彩铅画效果图需要笔触细腻才能达到理想的效果。使用彩铅画产品效果图切记不能用力涂，不能急于求成，如果遇到颜色比较重的区域可以运用不同颜色的彩铅相互叠加，叠加会形成另外的颜色，要一层一层地上彩铅。总之，彩铅适用于层次的逐步叠加，在叠加过程中不要始终用一种颜色涂抹，可以用多种相邻色系的彩铅进行绘制，如图2-20所示。

图2-20　彩铅不同颜色的叠加

在刻画产品效果图中的细节部分时，或者进行小面积的绘制(如某个产品的小按钮)时，要将笔垂直于纸面，如图2-21所示；绘制大面积的区域时，要把笔倾斜然后用笔的侧面由重到轻地涂抹，这样既省力又容易出效果，如图2-22所示。

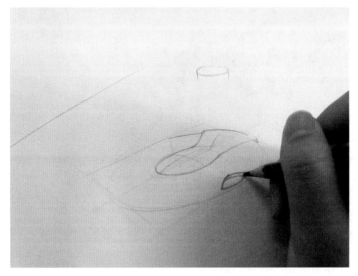

图2-21　彩铅刻画细节

图2-22　彩铅暗部侧面平涂

这里分享一个彩铅绘图的经验：有的人喜欢把笔削得很尖，实际上太细的笔尖不是特别好用，下笔时容易断，笔头最好带一些圆角。

2.2.2　喷笔上色

喷笔画图法是以前效果图表现中经常用到的方法，喷绘制作的过程是喷和绘相结合，对于一些产品的细部和场景、使用环境等的表现是先用喷笔，然后再借助其他画笔来绘制。喷笔作品的画面效果细腻、明暗过渡柔和、色彩变化微妙且逼真，如图2-23所示。

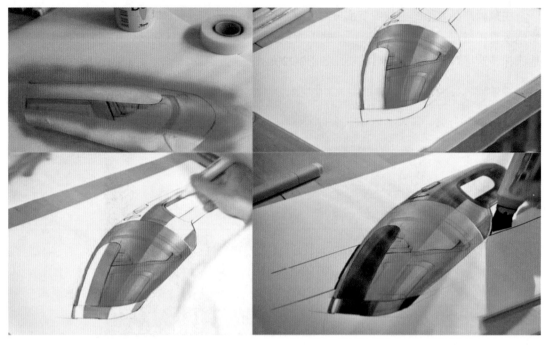

图2-23　喷笔上色效果图

　　喷笔的运用方法是通过气泵的压力将笔内的颜色喷射到画面上，画图时需要用到遮挡纸，画面中的造型效果主要是依靠遮盖后的余留形状得来。如图2-24所示，左边是传统的喷枪式喷笔，右边是新型的气泵式喷笔。

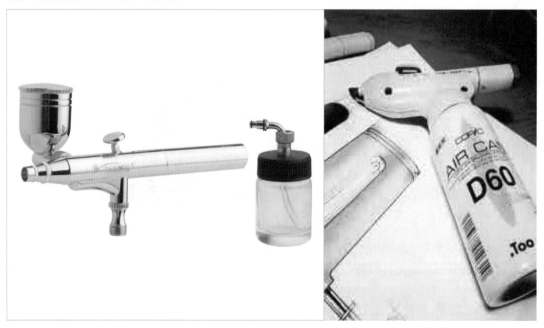

图2-24　喷笔画材

　　完成一幅高质量的喷绘产品效果图，不仅要对喷绘工具非常了解，喷绘的技巧也要熟练掌握，还要很细心。在使用喷笔为产品效果图上色时，需注意的要点如下：

- 先浅后深，留浅喷深，先用喷笔喷大面，后用其他工具画细节；
- 色彩处理力求单纯、统一，再在统一中找变化；
- 注重画面大色块的对比与调和，忽略单体的冷暖变化；
- 强调画面中主体的明暗对比，削弱其他物体及配景的对比反差；
- 产品转折处的高光和光源处理要放在最后阶段进行；
- 高光的颜色应与物体的色相和在空间里的远近，以及与光源的距离相适应；
- 喷绘柔和质感效果时，只喷几处重点区域，光源、环境光不喷为好；
- 喷笔使用的专用颜料务必搅匀，喷出的颜料在纸上要呈半透明状；
- 喷笔画的修改必须谨慎，如果是大面积的修改最好洗去重喷，通常洗过的地方会留下痕迹，故重新喷色时最好将颜料调稠一点，第一遍干透后再喷第二遍。

图2-25 ~ 图2-29为喷笔结合马克笔进行产品手绘效果表现的过程。

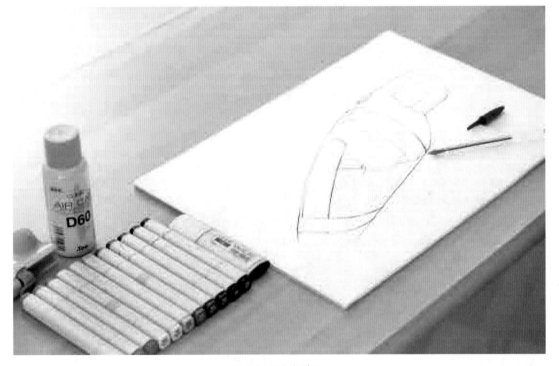

图2-25 起稿

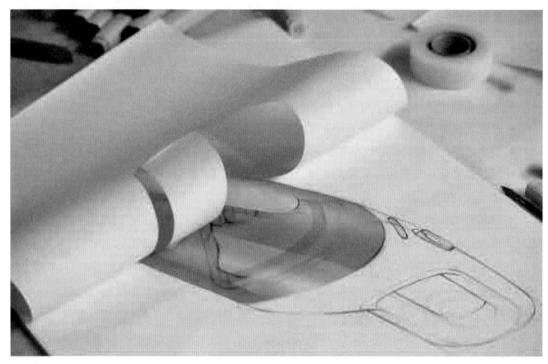

图2-26 遮挡纸配合喷笔

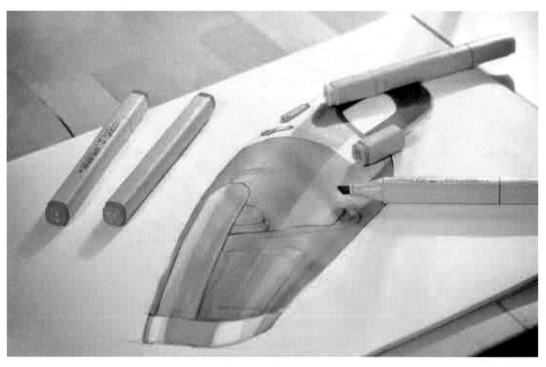

图2-27 马克笔上色

图2-28　尺规强调高光

图2-29　马克笔刻画细节和背景

2.2.3 马克笔上色

马克笔通常用来快速捕捉产品设计构思及绘制精细设计效果图，是一种比较常用的上色工具。

马克笔以色彩丰富、着色方便、成图迅速等优点受到设计师的喜爱，产品快题设计、快速表达都会用到马克笔，它是现在最常用的绘图工具之一。根据马克笔的颜色成分，可将其分为水性马克笔、油性马克笔和酒精性马克笔；马克笔有单头和双头之分，能迅速上色表达效果，如图2-30所示。

图2-30　马克笔画材

马克笔需要配合其他绘图工具使用，绘图时最好用铅笔起稿，再用水笔把基本线框勾勒出来，勾勒线稿的时候不要拘谨，允许出现一两条线的错误(因为随着上色阶段的深入，马克笔可以盖住一些错误线条)。然后用马克笔上颜色，上颜色的时候也要放开，要敢下笔，否则画面整体会显得小气、没有张力。铅笔起稿和马克笔第一遍上色的表现，如图2-31所示。

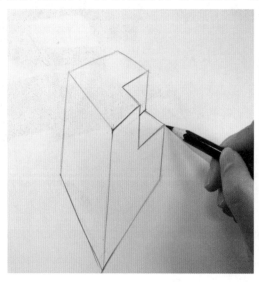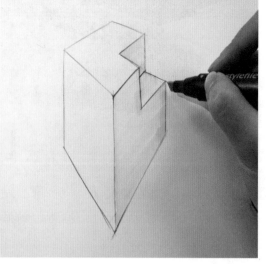

图2-31　铅笔起稿和马克笔第一遍上色

马克笔笔头分为扁头和圆头两种：扁头正面与侧面面积不同，运笔时可根据产品中各上色区域的大小发挥其形状特征以达到理想效果；圆头画出来的线条宽窄均匀，但是不足之处是不像扁头有那么多的宽窄面可以选择，难以在一些小面积区域上色。马克笔方头、圆头的运用，如图2-32所示。

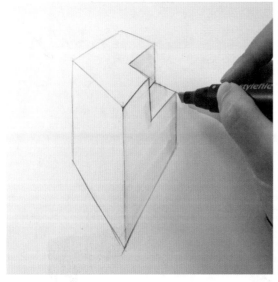 

图2-32　马克笔方头、圆头的运用

马克笔上色后不易修改，所以上色时不要一开始就将颜色铺满画面，要有重点地进行局部刻画，一般应该先浅后深，画面才会显得更为明快生动，如图2-33所示。马克笔同一种颜色的叠加会使颜色加深，但是不宜反复叠加，叠加次数过多无明显效果，且容易弄脏画面。

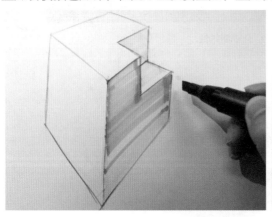 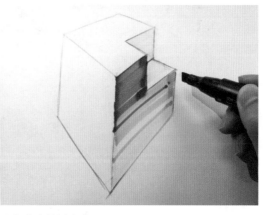

图2-33　马克笔多次上色产生的层次感

马克笔上色时的运笔排线与铅笔画线稿一样，也分为徒手绘制与工具辅助绘制两类，应根据不同产品的形态、材料、风格来选择不同的表现方法，如图2-34～图2-36所示。

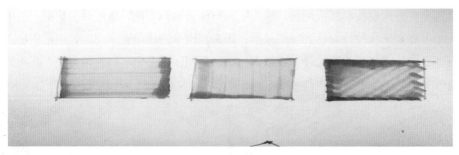

图2-34　马克笔不同方向排线

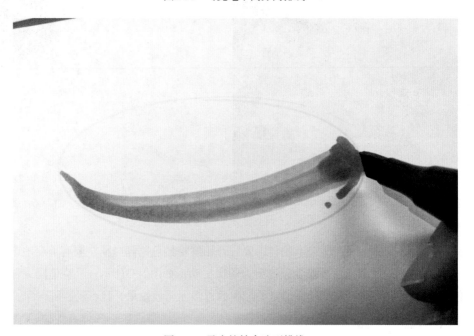

图2-35　马克笔结合造型排线

图2-36　马克笔配合曲线尺排线

用水性马克笔绘制的画面效果不理想时，可用毛笔蘸水洗淡；油性马克笔绘制的画面要修改时，可用笔或棉球蘸酒精洗去或洗淡，如图2-37所示。

马克笔虽然上色快捷、颜色清爽，但是其挥发快，不宜涂抹大面积色块，要注意使用方法。

在手绘的练习阶段，我们可以选择价格相对便宜的水性马克笔，这类马克笔大约有60种颜色，还可以单支选购。购买时，最好根据个人情况自行选择颜色，储

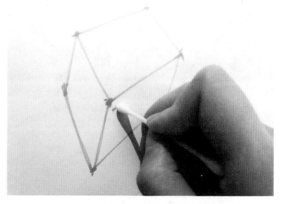

图2-37 棉球蘸取酒精修改马克笔痕迹

备20种以上，并以灰色调为首选，不要选择过多艳丽的颜色，建议以CG、BG和WG系列为主。如果习惯用油性马克笔，那么可以选用120色、方头和圆头、价格在10元左右的马克笔。如果马克笔用于专业的产品设计图中来表现颜色，则至少需要60种，应尽量购买全部灰色系马克笔，也可以根据个人喜好或自己的使用情况选择。

图2-38为使用马克笔绘制吸尘器的步骤，图2-39为使用马克笔淡彩对图片进行简单上色，起到修饰的作用。

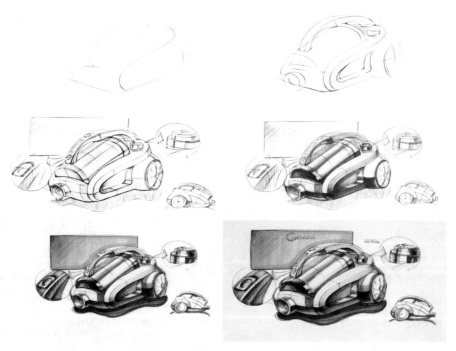

图2-38 使用马克笔绘制吸尘器的步骤

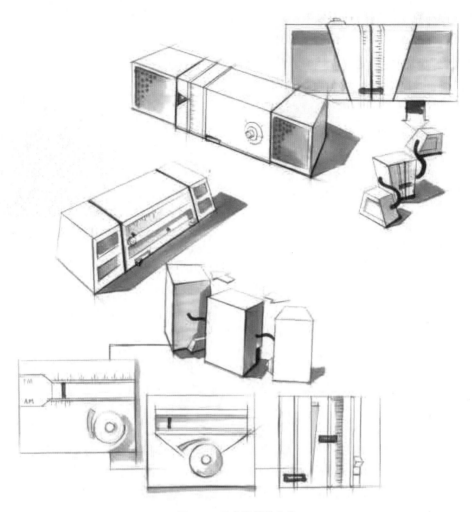

图2-39　马克笔简单上色

2.2.4　色粉上色

色粉主要是由颜料扩散粉、滑石粉等材料组成,是一种干性色粉条,如图2-40所示。使用时可刮成粉末,然后用棉布或棉纸蘸色粉在画纸上涂画。在进行色粉手绘表现时,不需要任何溶剂稀释、无须待干,可直接在画面上进行涂抹上色,适合用来进行快题设计。

图2-40　色粉画材

使用色粉进行产品效果图绘制时，需要配合如下工具。

● 调色盘：尽量选择瓷质纯白色的无纹样盘子，便于色粉在调色时进行颜色的识别。此外，瓷质盘的重复利用率较高，如选择其他材质的盘子，多次调色后易在盘子表面产生色粉残留。

● 画板：可选择普通木质画板，表面光滑无缝，内里空心；画效果图时还可准备画图桌，支起适当的角度让画面倾斜。

● 水溶胶或乳胶：裱纸必备的封边用具。

● 毛巾：在进行色粉产品效果图绘制时，会经常用水粉笔蘸取白色颜料进行高光的绘制，因此需要准备小块干净毛巾来清洁水粉笔或吸除笔头多余水分，为后面的上色做准备。

使用色粉绘制，具有表现细腻、过渡自然的特点，对反光透明体和光晕的表现简单有效，可用于处理产品的虚实变化或产品表面色彩过渡的表现等。在形体方面，色粉尤其擅长表现以曲面为主的有机形态，如汽车、飞机等流线型产品。在材质方面，色粉对于玻璃、镜面、高反光金属等材质有很好的表现效果。

在进行产品效果图表现时，由于色粉的着色度较低，因此常作为辅助工具与马克笔、彩铅、针管笔、高光笔结合使用。在使用时，先利用美工刀将色粉刮到容器中，之后用棉布轻轻蘸取，擦拭在图中需要表现的位置上。用色粉画图的步骤如下。

先用木炭铅笔或马克笔在纸上画出产品设计的线稿图，注意细节造型、明暗对比等均须充分表现出来。

产品线稿完成后，使用色粉先为受光面着色，可用遮挡纸做局部遮挡。第一遍上色粉不宜过厚，针对大面积颜色变化可用手指或棉布抹匀，图2-41为用小刀削取色粉并用棉布涂抹色粉的过程。

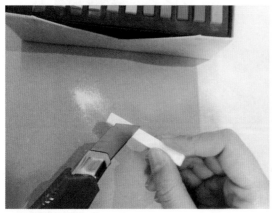

图2-41　色粉的取用过程

图中产品的精细部位最好使用马克笔尖头的部分进行擦抹塑造，如图2-42和图2-43所示。这样处理，既可避免色彩的退晕变化，又能增强色粉在纸上的附着力。

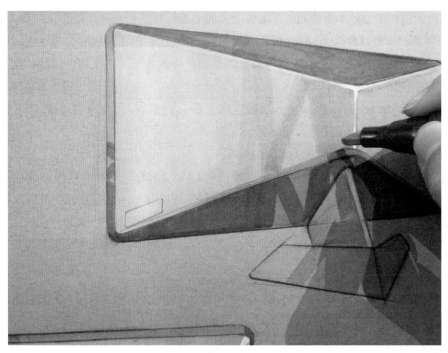

图2-42　马克笔简单擦抹塑造

图2-43　马克笔绘制局部效果

　　画面中产品整体效果完成后，只需在暗部加一点反光即可，不要将色粉上得太多太乱。图2-44和图2-45是利用高光铅笔对反光部分的细节刻画。

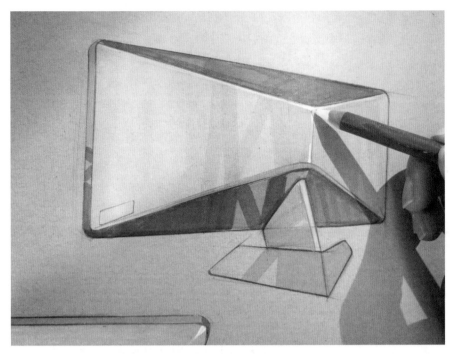

图2-44　高光铅笔对反光部分的细节刻画(1)

图2-45　高光铅笔对反光部分的细节刻画(2)

　　产品效果图表现要善于利用色纸的底色，因此在绘图前应按产品设计内容、产品的使用场景，选择符合色调的色纸，如图2-46所示。整体效果图完成以后，最好用固定液(定型剂)喷罩画面，防止色粉粉末被蹭掉，便于效果图的保存。

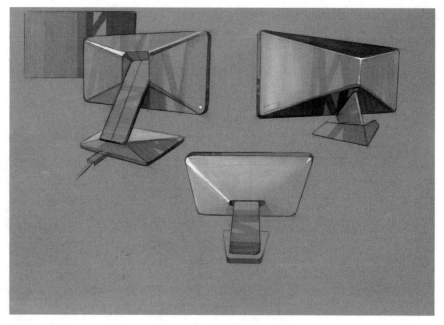

图2-46　选择符合色调的色纸

色粉结合马克笔绘制跑车的步骤，如图2-47所示。

图2-47　色粉结合马克笔绘制跑车的步骤

2.2.5　水彩上色

水彩上色是手绘效果图表现中常见的着色技法，水彩具有透明性好、色彩淡雅细腻、色调明快的特点，很多设计师都喜欢用水彩着色绘制产品效果图。常见的水彩颜料有18色水彩固体和管状颜料，如图2-48所示。

配合水彩画法的纸吸水性要好，水彩画的效果才能得到充分的体现与表达，而当水彩水分较多时，会看到纸的颜色，所以一定要选好纸的质料和颜色。为了能够充分表现水彩的特色而专门制造的纸就是水彩纸，纸张的颜色一般为蛋白色和纯白色，纸张表面有光滑无纹和带细纹的形式。常见水彩纸纹样，如图2-49所示。

在水彩表现中，还会用到毛笔类画具，常用的有大白云、中白云、小白云、小红毛、叶筋，以及板刷等。

用水彩技法表现工业设计手绘图时，画笔笔触的体现也是丰富画面的关键，运用提、按、拖、扫、摆、点等多种手法可以让效果图更加生动，图2-50中汽车的水彩效果绘制就采用了多种运笔手法。

图2-48 常见的水彩固体和管状颜料

粗纹样

细纹样

图2-49 水彩纸纹样示例

图2-50 采用多种运笔手法绘制的水彩效果图

运用水彩技法着色一般由浅到深，不过图中的亮部和高光处需预先留出。绘制时要注意笔端所含水量的控制，水分太多，会使画面水迹斑驳；水分太少，画面色彩枯涩、透明感降低。由于水彩是透明的颜料，在绘图时如果出现差错是盖不住的，所以一定要想好了再下笔。

水彩表现要求线稿图形准确、清晰，但是不要擦伤纸面，而且纸和笔含水量的多少十分讲究，即画面色彩的浓淡要掌控好。例如，绘制大型交通工具时，空间的虚实、笔触的感觉都取决于对水分的把握。如图2-51所示，在汽车周围的环境渲染上水分较多，而在汽车前灯的刻画上，对水分的控制更加细致，水分含量较少。

图2-51 水彩效果图上的水分干湿变化

在水彩上色的过程中，可以把图面略微倾斜一点，大面积区域水平运笔，小面积区域垂直运笔，趁画面上水彩还是湿润的时候衔接笔触，以达到均匀整洁的效果。

2.2.6 丙烯颜料上色

丙烯颜料是一种可塑颜料，颜色饱满、浓重，通过丙烯颜料绘制的画面，干燥后耐水性较强。丙烯颜料的上色效果，如图2-52所示。

图2-52 丙烯颜料的上色效果

丙烯颜料根据其稀释程度的不同，画出的画面效果有很大区别，在调和丙烯颜料的过程中，多加一些清水可以画出淡如水彩的效果，少加清水可以画出浓如油画笔触般的效果。

丙烯颜料常常用在品牌手绘墙、产品手绘海报等商业宣传广告中。丙烯颜料绘制的产品效果图，如图2-53所示。

图2-53　丙烯颜料绘制的产品效果图

丙烯颜料上色很少出现色彩不均匀的现象，使用起来较为方便，但干燥较快，容易损伤画笔以及调色板等工具，因此使用丙烯颜料绘图后要及时清洗画具。

2.2.7　水粉上色

在马克笔工具还没有普及之前，水粉画技法是各类产品效果图表现技法中运用最为普遍的一种。这种方法适用于表现大面积的底色(产品效果图背景或产品中较大区域等)和产品上的几种颜色。

水粉表现技法大致分为湿画法、干画法两种，也可以干湿相结合使用。

1. 湿画法

"湿"是指画图之前在图纸上先涂清水后再衔接、过渡。湿画时必须注意底色容易泛起的问题，图面上容易出现粉、脏、灰的效果，如果出现这种现象，最好将未画好的颜色用笔蘸水洗干净，等画面晾干后重画，重画的颜色最好稍厚一点，要有一定的覆盖性。

2. 干画法

"干"并不是说不用水，只是水分比较少、颜色较厚而已。其特点是画面笔触清晰而凌厉，色泽饱和明快，可以形象描绘产品效果图。干画时要注意笔触，如果处理不当会显得凌乱，也会破坏画面的整体感。

　　绘制产品手绘效果图时，往往是干湿画法综合运用，如图2-54～图2-57是用水粉干湿结合绘制产品的过程，首先用轻薄的蓝色水粉铺设背景，在背景铺设完成后，用白色的水粉进行高光点绘制，再用深色笔在产品上继续刻画细节。

图2-54　水粉干湿结合绘图步骤(1)

图2-55　水粉干湿结合绘图步骤(2)

图2-56 水粉干湿结合绘图步骤(3)

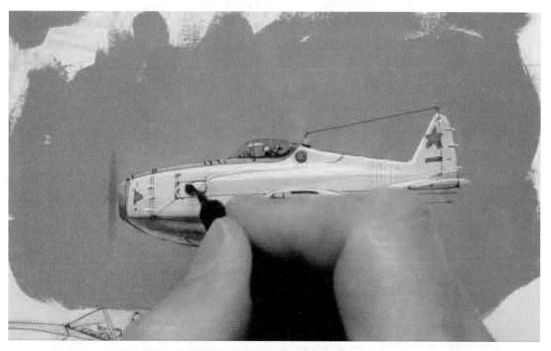

图2-57 水粉干湿结合绘图步骤(4)

    使用水粉上色时,注意水粉颜色的深浅存在干湿条件下差别较大的情况,一般刚刚上的水粉色是比较鲜艳的,干透后颜色会变得浅和灰一些。

    水粉颜色具有较好的覆盖力,易于修改,在进行局部修改和画面调整时,可用清水将局部四周润湿,再进行调整,这个方法有利于效果图整体的深入表现。画图时宁薄勿厚,具体来讲是着色或调混颜料时加入较多的水,当画大面积颜色时宜薄,画局部时可厚。

图2-58和图2-59是设计师使用水粉绘制的产品场景效果图，效果十分真实。绘制这种详尽的效果图需要大量的时间，在实际的客户与设计师交流中，产品效果图的绘制不需要精细到这种程度。

图2-58　水粉绘制的产品场景效果图(1)

图2-59　水粉绘制的产品场景效果图(2)

第3章

产品设计表现技法的基础训练

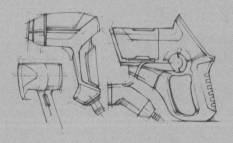

Product Design

3.1 透视空间构图

3.1.1 一点透视

一点透视又叫平行透视，是物体的正立面和画面平行时的透视方法。如果正立面与物体本身比例一致，也可看作一个立方体与画面平行。在这里我们把立方体看作一件物品，这个立方体与视线垂直，基本没有透视变化。

一点透视的消失点只有一个。如图3-1所示，A为画面，B为桌面，我们可以看到，立方体的三组线中的两组分别与画面、桌面平行，另一组线则消失于视心，这种透视关系称为一点透视。

当画面中只有一个物体时，一点透视图所能表现的范围，如图3-2所示。当视线从E面和F面观察时，观察视点为物体的左方、右方、中间3个位置；再根据眼睛(也就是视平线的位置)的高度来看一个面，分别是上、中、下3个位置。

视点在多个物体的中心位置，这是一点透视的基本构图方法。描绘的透视图，如图3-3所示。

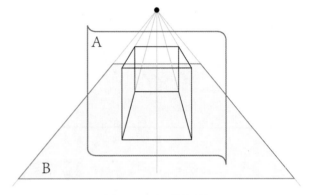

图3-1 一点透视原理

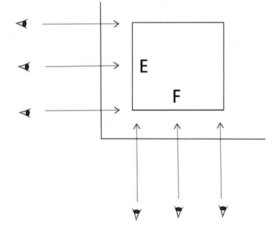

图3-2 一点透视的范围

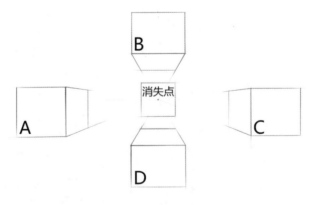

图3-3 一点透视构图方法

图中立方体是视点与物体位置关系的体现，立方体B在视平线之上，也就是处于比眼睛更高位置的物体，当要表现处于较高位置的物体时可以这样构图；立方体A和立方体C表现视点位置在视平线之中，也就是视点位置与人眼的高度齐平，当物体往左边或右边移动的时候，这种透视关系最合适；立方体D表现为物体在视平线下方，一般表现较小的物体时需要用到这种位置关系。

以绘制汽车的透视图为例，用一点透视方式绘制汽车分为两种情况：一种是视平线处于物体中间，人的视点位置较低；另外一种是视平线在物体之上，人的视点位置较高。绘制汽车透视图的视角选择，如图3-4所示。

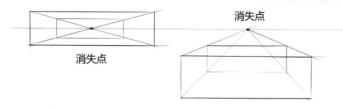

图3-4　绘制汽车透视图的视角选择

根据上述两种透视的视角，绘制汽车的一点透视图，如图3-5所示。上图中汽车的一点透视具有较强的纵深感，表现范围也比较大；下图中汽车的一点透视能表现顶面造型。

图3-5　绘制汽车的一点透视图

3.1.2 两点透视

两点透视，又称为成角透视，是指立方体有一组垂直线与画面平行，其他两组线均与画面成一个角度，而每组有一个消失点，一共有两个消失点，绘制的物体向视平线上消失。

两点透视图画面效果比较饱满，并且可以比较真实地反映物体的形态特征，所以也是手绘效果图中运用较多的一种透视关系。在两点透视中向两个消失点消失的透视距离称为纵深，穿过中心点的一条与视平线垂直的线称为视中线，两点透视中的高度基准线称为真高线，两点透视中通过真高线下端点的一条作为地面基准的水平线称为测线。

画面C和桌面D的位置关系确定后，立方体与桌面平行但是不平行于画面，即对立方体的三组线而言，一组线与画面平行，其他两组线不与画面平行，而是会形成夹角，如果以45°、75°、60°或任意角度来看，则分别消失于左右两边的消失点，如图3-6所示。

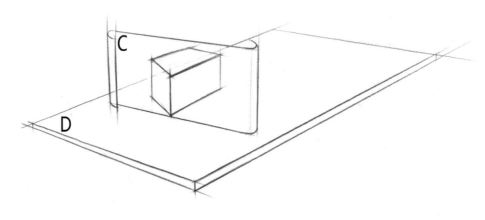

图3-6　两点透视原理

立方体的两点透视关系，如图3-7所示。当视平线在立方体之中时，立方体的左右两组线的延长线分别消失于两端的消失点；当视平线在立方体之上时，立方体的左右两组线的延长线分别消失于立方体上方的消失点。

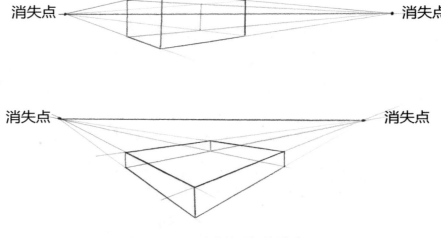

图3-7　立方体的两点透视关系

同样以绘制汽车的透视图为例，如图3-8所示。上图中汽车绘制时的视平线在物体之中，下图中汽车绘制时的视平线在物体之下。这两种情况都是在手绘中较常采用的绘图角度，能最大限度地表现物体的各个面。如果视平线在物体之下则绘制的为产品的底面，不是具有表现力的视角，因此在进行效果图表现时不会采用此绘制角度。

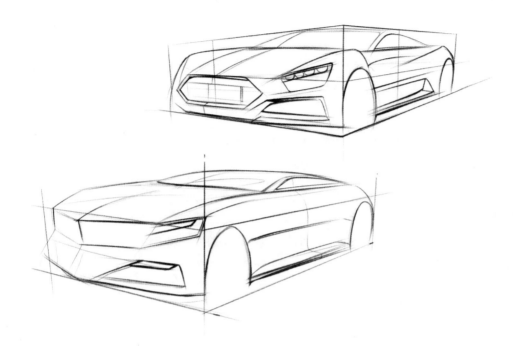

图3-8　汽车的两点透视关系

3.1.3　三点透视

三点透视，又称倾斜透视，是指当以平视的视向进行观察时，透视投影中的直线和平面均与底面和画面呈现倾斜状态。现实中相互平行的边线产生透视变化，成为变线，并集中消失在天点和地点上，这种情况下，一般在透视关系中呈现三个消失点，因此称为三点透视。

三点透视的基本特点是，视线为平视，当绘制方形物体的三点透视时，竖向线条会向上方或向下方倾斜，向上倾斜时其消失点是天点，向下倾斜时其消失点为地点，如图3-9所示。

三点透视中会产生多种类型的斜面，因此同一画面中常会产生多种形状组合形成的斜面，如方形斜面、三角形斜面或菱形斜面等组合斜面。此类组合斜面常出现在比较复杂的场景中，如建筑场景。

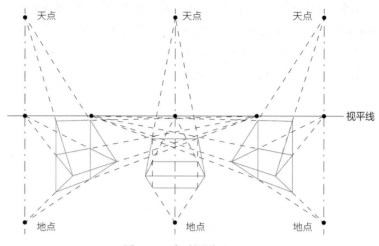

天点　　　　　　天点　　　　　　天点

视平线

地点　　　　　　地点　　　　　　地点

图3-9　三点透视原理

在进行产品手绘效果图表现时，不常选择三点透视作为透视表现角度，虽然三点透视较两点透视来说更为真实，但是在进行手绘表现时两点透视的透视角度更易表现，且不容易出错。如果选择三点透视进行产品手绘表现，可能会因为倾斜角度、视点位置等问题而出现产品变形的情况。

3.1.4　基本透视在产品设计中的应用

在学习了常见的透视技法后，接下来要把这些基本透视原理运用到产品透视线稿的绘制中。在画图前，要选择适合反映产品特征的角度，如当表现打印机、手机等小型产品时，可以选择高视角、高构图的透视方法。图3-10是产品多角度透视的手绘效果图，在产品效果图中进行多角度的透视表现，更容易让观看者理解其中的关系。

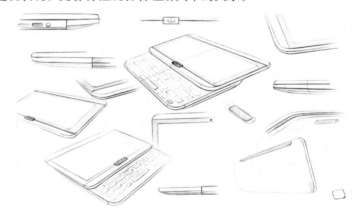

图3-10　产品多角度透视的手绘效果图

在开始绘制产品透视图时可能会耗费一些时间，但多加练习就可以熟能生巧，速度也会提高。下面对绘制产品透视线稿的过程进行详细讲解：

首先，根据构思好的产品造型特点方案进行画面构图，注意主次关系，如图3-11所示。这幅图里以产品的左侧为视觉中心，其他角度为辅助说明。通过调整图中产品的前后位置、大小变化，营造空间感，用单线把想表达的角度大致勾画出来。

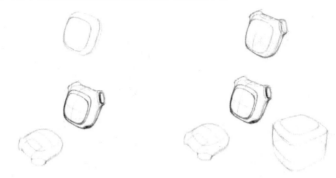

图3-11 画面构图

其次，根据物体摆放位置开始勾画主体物基本透视关系，可以借助辅助线反复检验透视是否准确，以便确定物体主要结构线的位置，如图3-12所示。这里采用了3种透视形式，可以全方位地表现产品的形态特点。

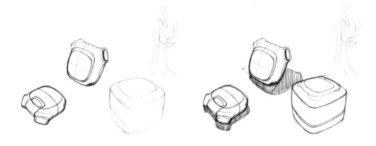

图3-12 结构线辅助观察透视

再次，确定了产品的透视关系后，就可以描画基本形态了，在绘制时要时刻注意透视的变化，尤其是深入描绘产品细节的时候，要参考外轮廓线的走势，如图3-13所示。

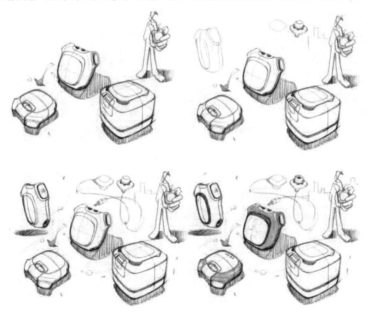

图3-13 参考外轮廓线描绘产品细节

最后，为画面中的产品着色，上色时要强调转折关系，注意材料质感，如图3-14所示。

图3-14　为画面中的产品上色

3.2　基本形体练习

3.2.1　直线和立方体的练习

一切图形都是由线条构成的，线条是绘画的基础。流畅的线条可以展现设计师的基本功，使绘制出的产品形体简洁、明快。

图3-15是现实中常见的以直线或立方体为主要造型特点的产品图，在绘制这种具有硬朗线条特征的产品时，需要大量运用直线。

图3-15　硬朗线条产品图

1. 直线的练习

绘制各类直线是手绘表现基础技法中较为重要的部分。其中，水平线、竖直线和斜线在手绘表现中最常用，在表现产品的外形边线、中心线和截面线等关键位置时会经常用到。

在练习画线条的时候，需要由浅入深，从易到难。可以从画最简单的直线开始练习，线条本身要直、挺，尽量保证线与线之间的距离相等。练习画直线的具体方法如下。

01 绘制边线确定范围，在边线内部绘制平行竖直线和水平线，如图3-16所示。

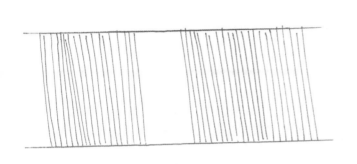

图3-16 练习竖线和水平线的方法

02 绘制一个正四边形确定范围，在四边形内部绘制交叉斜线，如图3-17所示。

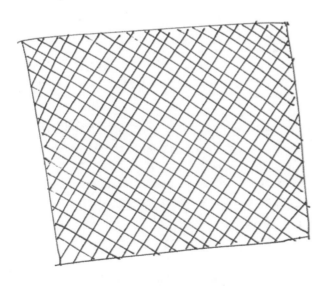

图3-17 练习交叉线的方法

03 绘制5个以上的点，然后在点与点之间绘制连接直线，如图3-18所示。

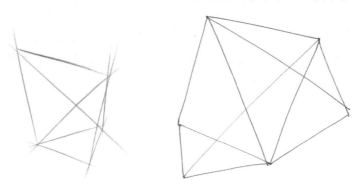

图3-18　练习点与点之间连接直线的方法

2. 立方体的练习

在绘制立方体时，由于在两点透视中，垂直方向上没有灭点，因此可通过以一定的比例复制垂直边线的方法来表现立面。可将立方体的每个对角大小画得有所不同，以避免立方体前后的垂直边线重叠在一起。将左侧的垂直边线bb′画得比右侧的边线dd′更加靠近正中间的边线aa′，因为边线bb′离左侧灭点的距离更近，如图3-19中红色框选内容所示。

在一张提供有用信息的草图中，也会出现一系列透视交叉点，如图3-19中蓝色框选内容所示。完成立方体的绘制后，还需通过两条水平边线bc、cd，以及一条垂直边线cc′确定视角的位置。底面a、b、c、d画好之后，根据右侧灭点位置最后画出边线cc′和上表面a′ b′ c′ d′。

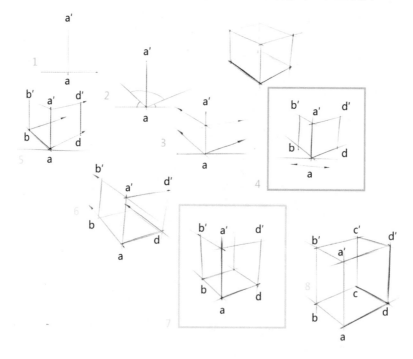

图3-19　绘制立方体的方法讲解

　　练习画不同角度的立方体，可以使我们积累丰富的经验，更好地完成一幅正确的透视作品，如图3-20所示。

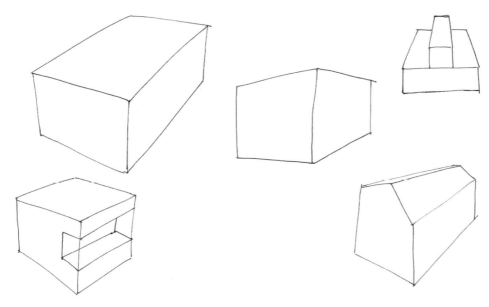

图3-20　多角度立方体练习

　　记住这样的原则：画垂直边线时，其他边线永远不要比离你最近的垂直边线长。以书页为例，书页的宽度会随着翻页变得越来越小，如图3-21所示。

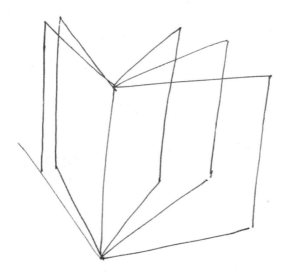

图3-21　书页透视随角度变化

　　在开始画立方体草图的第一笔时，就要确定视角的选择，要保证立方体所有的面都能被很好地表现出来。例如，图3-22中的这两个视角都不推荐，因为其中都有一个面被压缩得太多；而图3-23中采用的视角将立方体表现得太对称了，会显得过于呆板。

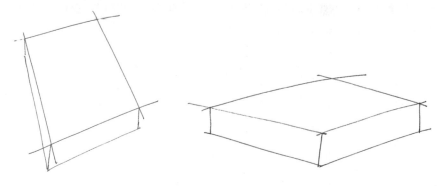

图3-22 不适合表现的视角

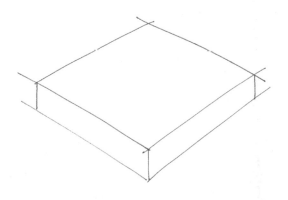

图3-23 过于对称的视角

我们以画一个小盒子为例，首先应弄清楚要重点表现盒子的什么部分，如果要表现盒盖，必须找到合适的视角。可通过在图中绘制出盒盖不同旋转角度的透视图，了解哪些透视角度最合适，然后选择一个最有表现力的角度，如图3-24所示。

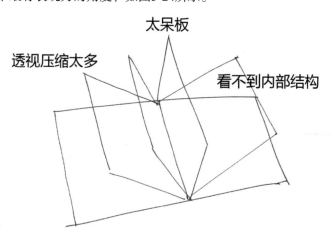

图 3-24 分析适合表现盒盖的视角

这里选择了一个比较平，但是很容易绘制的角度，如图3-25所示。

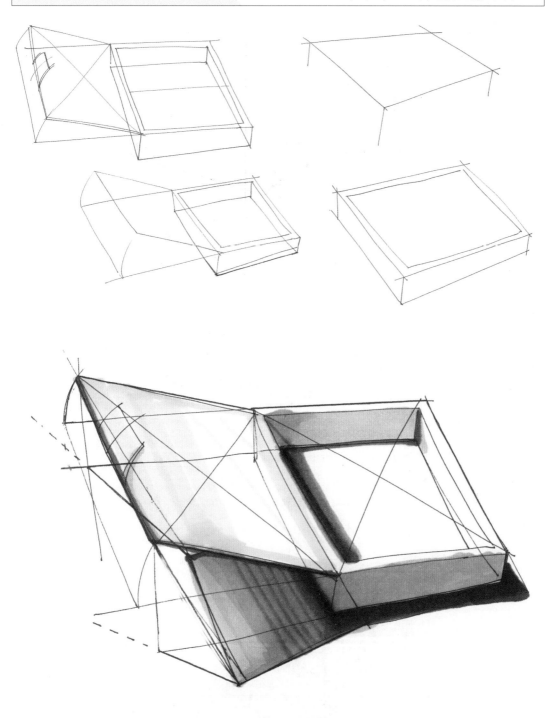

图3-25　盒盖的透视绘制过程

画出一条果断而流畅的直线需要大量地重复练习，如图3-26～图3-28所示的透视练习，都是以直线和立方体为主要表现特点的产品效果图的绘制。

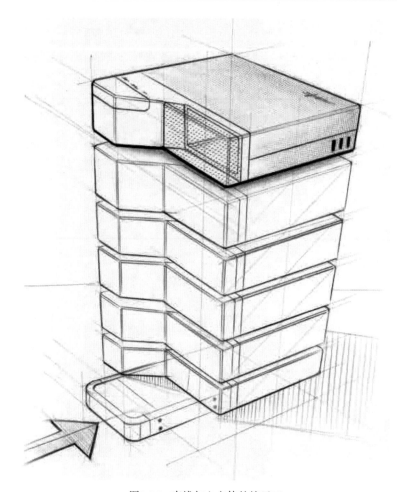

图3-26   直线与立方体的练习(1)

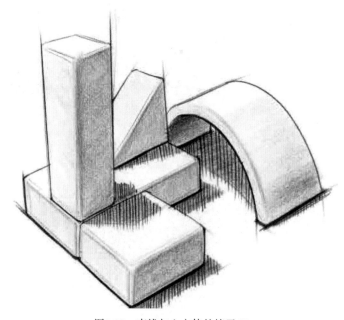

图3-27   直线与立方体的练习(2)

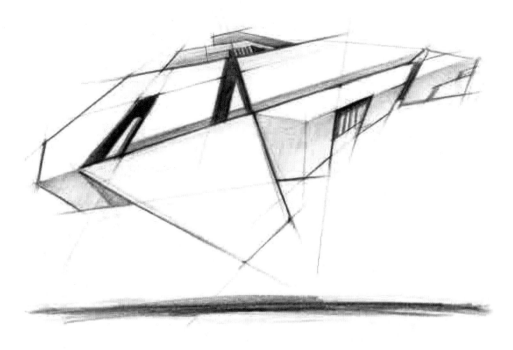

图3-28　直线与立方体的练习(3)

　　图3-29是一款相机产品的效果图的绘制，在透视线稿准确的基础上再进行马克笔上色，能够让产品效果图的展现更加准确清晰。

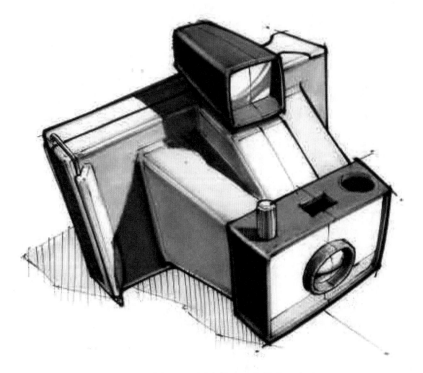

图3-29　用直线和立方体表现产品

3.2.2 曲线、圆及椭圆的练习

曲线在手绘表现中较常出现，曲线包括圆和椭圆等。曲线可以给手绘作品以张力，通常用来表现产品中的曲面、圆角、按钮等。

图3-30是常见的以曲线或圆为主要造型特点的产品图片，在绘制具有这种特征的产品时，需要大量曲线或圆的运用。

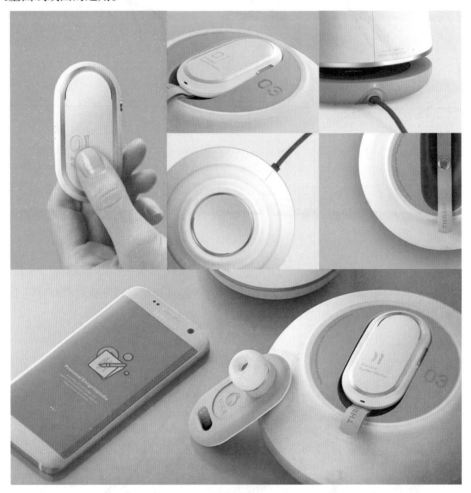

图3-30　以曲线或圆为主要造型特点的产品

1. 曲线的练习

在进行曲线练习时，可以先从小弧度弧线开始，从同一个方向开始练习排线，画的时候要放慢速度。下面介绍几种简单的曲线的练习方法。

01 按照自下而上或自上而下的顺序，先画小弧线，然后慢慢推进，画较大的弧线，如图3-31所示。

02 按照弧度由小到大的顺序绘制弧线，如图3-32所示。

03 绘制对称弧线，先确定对称中线，并且上下各绘制两条横线，然后开始进行弧线练习，如图3-33所示。

图3-31　曲线的练习方法(1)

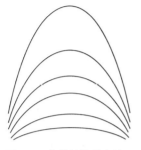

图3-32　曲线的练习方法(2)

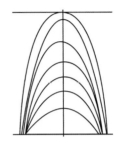

图3-33　曲线的练习方法(3)

完成这些基础线条的练习以后，可以继续练习绘制更多曲线元素的产品，目的是把曲线练习运用到实际产品手绘图当中，这一阶段的练习时间比例可以大一些。

2. 圆的练习

与曲线的练习相比，圆的绘制要求更具规律性，绘制难度也较大。要画出合适的圆，需要在理解绘制方法与不同角度的圆弧度的差异性的基础上，进行大量练习。

在产品手绘效果图中进行圆形表现时，可根据圆形形态选择绘制的方法：当圆形作为产品手绘效果图辅助形状时，不用进行精细刻画，只需简单画出自然的圆形；当圆形作为产品手绘效果图核心形状时，则需要进行细致表现，可先绘制圆形的外接正方形，之后根据正方形进行四分之一圆弧的绘制，再拼合成正圆。

在进行圆的绘制时，要使用手臂的力量，这样画出的圆形才会更加自然，切忌使用手腕带动笔尖，可能使弧线产生扭曲变形。下面介绍几种基础的圆的手绘练习方法。

01 绘制一个正四边形以确定范围，在其内部绘制圆形，尽量让圆形的边以交点为中心，均匀地由外向内绘制，如图3-34所示。

图3-34　圆的练习方法(1)

02 绘制上下两条边缘线确定范围，在范围内从左至右绘制圆形，如图3-35所示。

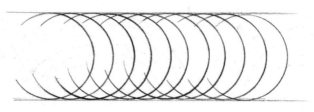

图3-35　圆的练习方法(2)

3. 椭圆的练习

一般情况下，产品手绘效果图中椭圆的出现有两种情况，一种是由于圆角度的变化产生透视而形成弧度的差异，另一种是产品本身带有椭圆特征的形态结构。因此，在绘制椭圆时要明确椭圆所处的透视关系，椭圆中心点的位置会随椭圆的透视角度而产生变化，在绘制时会影响椭圆与产品中其他具有几何特征形体间结构关系的确定。

在绘制时要注意椭圆在不同透视角度中所产生的近宽远窄的弧度变化，可使用圆弧外接方形来确定椭圆弧线相切点，通过椭圆中轴线及椭圆对角线的方法来进行椭圆的绘制练习。下面介绍椭圆的练习方法。

(1) 椭圆形态练习。

01 任意在纸上绘制一个椭圆，尽量保证起点与终点能衔接上。先绘制一个较大的椭圆，然后在其内部反向绘制一个较小的椭圆，如图3-36所示。

图3-36　椭圆形态的练习方法(1)

02 绘制上下两条边缘线确定范围，在范围内从左至右绘制椭圆，如图3-37所示。

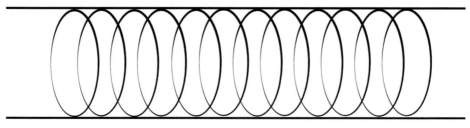

图3-37　椭圆形态的练习方法(2)

(2) 椭圆透视练习。

01 椭圆就是一个带透视效果的圆。椭圆的画法与它的两个轴密切相关，我们可以用方中求圆的方法画出椭圆，如图3-38所示。

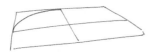  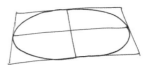

图3-38　方中求圆的椭圆绘制方法

注意事项：椭圆的画法与它的两个轴密切相关，其中长轴是指椭圆中最长的那一条线，短轴则是可以将长轴平均分成两半的那条线，两条轴线交叉的位置必须在椭圆的中心，且两线成90°，如图3-39所示。

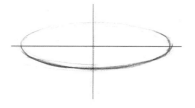

图3-39　椭圆的长轴与短轴

02 绘制圆形透视图的时候，透视中心点O′与椭圆的中心点O并不相同，如图3-40所示。

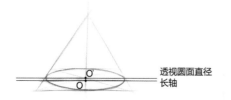 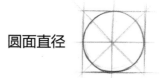

图3-40　明确透视中心点与椭圆中心点的区别

03 先画一条中轴线A通过透视中心(并不经过长短轴交点)，再画出椭圆的4条切线，在椭圆的外侧形成一个带透视的长方形，这两组切线(B、C)在透视圆面中应相互垂直，如图3-41所示。

 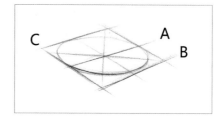

图3-41　椭圆切线绘制步骤

4. 曲线、圆及椭圆的综合运用

图3-42中手表的多角度透视表现，就是曲线、圆与椭圆的综合运用。根据手表透视角度的变化，表盘的画法也随之从正圆到椭圆，以不同的形态展示。

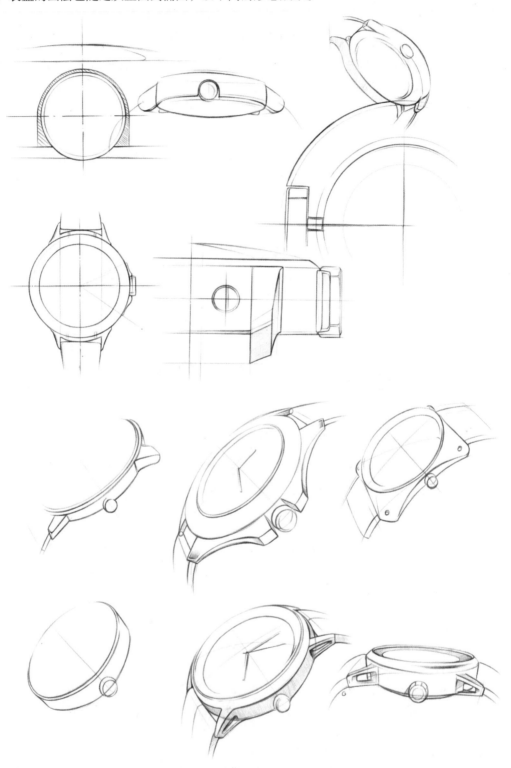

图3-42　曲线、圆及椭圆的综合运用

3.2.3　圆柱体的练习

产品设计中常会出现具有圆柱体特征或以圆柱体为主体的产品外观，如图3-43所示。绘制圆柱体需要在掌握圆与椭圆的绘制方法的基础上，结合透视相关理论进行三维空间形体的绘制。

图3-43　圆柱体产品造型

绘制圆柱体需要先根据观察确定其形体比例，并且确定出圆柱体顶面的前后位置，注意前后位置的间距不宜过宽。之后依据形体比例、前后位置间距及一点透视原理，绘制出圆柱体顶面椭圆的外接方形，并通过外接方形确定圆弧的圆心及圆柱的中心线。按照椭圆的绘制方法，绘制出圆柱体的顶面椭圆，再依据同样的方式绘制出圆柱体的底面椭圆，并绘制出两个椭圆间的连接线作为圆柱体的边线，如图3-44所示。

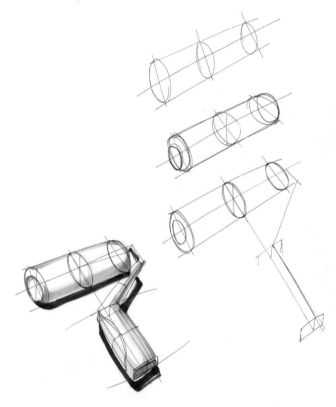

图3-44　为圆柱体绘制起点

1. 水平圆柱体

具有水平圆柱体形体特征的产品，常采用两点透视的透视原理进行绘制，并且圆柱体会在水平向产生透视变化。

绘制具有水平圆柱体形体特征的产品效果图，应先使用辅助线确定产品在画面中的位置与比例关系，然后绘制产品的椭圆部分，如图3-45所示。首先，绘制两条斜线作为水平圆柱体的边线，注意斜线在绘制时要符合画面的透视关系。然后，绘制两条斜线的中轴线，并沿着中轴线绘制透视椭圆作为水平圆柱体的顶面与底面。最后，依据画面中的辅助线，绘制产品的连接结构与手柄部分，完成水平圆柱体的产品手绘效果图。

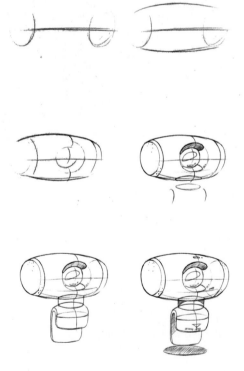

图3-45　水平圆柱体产品绘制步骤

无论圆柱体以何种角度倾斜，椭圆的长轴与圆柱体的中轴线都应成90°。中轴线会随圆柱体的倾斜方向而改变。通过投影的表现可以确定圆柱体的位置和方向，如图3-46所示。

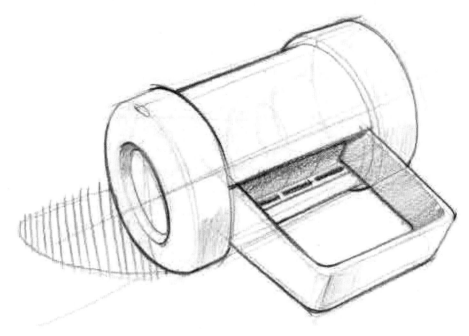

图3-46　通过投影的表现确定圆柱体的位置和方向

图3-47为钢笔的绘制过程，中轴线的确定使得穿过笔帽和笔筒的椭圆形透视更加准确，椭圆的切线确定了与椭圆相连的其他造型的透视。

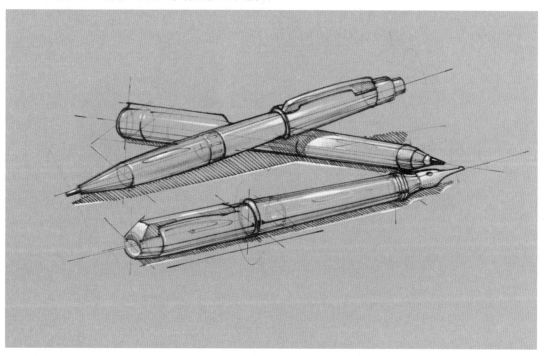

图3-47　绘制水平圆柱体产品的练习

2. 垂直圆柱体

在画垂直圆柱体时，我们可以参照画垂直立方体的方式，首先画出一条中轴线，然后画出两个椭圆形的顶面和底面，如图3-48所示。注意：绘制时，底部的椭圆会比上面的更圆一些。

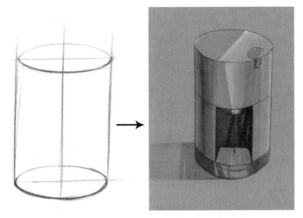

图3-48 垂直圆柱体的绘制

如果想要在圆柱体上再添加一些附件，例如把手等，那么就需要确定它们的位置，以及它们与圆柱体之间的透视关系，可使用切线作为辅助线，如图3-49所示。

图3-49 在圆柱体上绘制附件

3.2.4　球体的练习

图3-50是一些常见的以球体为主要特征的产品，在实际的产品设计案例中，完整地绘制球体的情况是比较少见的，通常球体会用在产品的某一模块，这就要求我们掌握球体和球面与产品结合时的画法。

图3-50　以球体为主要特征的产品

绘制球体时，与圆柱体一样，画一个低视角和一个高视角的球体。绘制的球体需带有高光，高光是通过截面来确定的，暗部的颜色会渐渐变深，在稍靠里一点的位置绘制呈月牙形状的明暗交界线，完成球体的绘制，如图3-51所示。

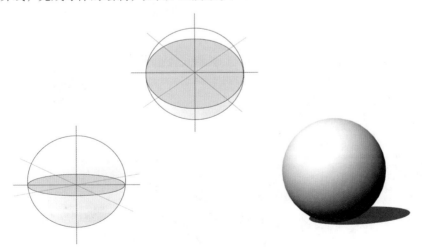

图3-51　球体的明暗交界线和透视图

绘制球体这种形态的物体时，椭圆是出现最多的图形，因为球体的截面为椭圆形。通过椭圆形可以确定其他与球体连接部分的垂直透视方向，并通过球体与其他部分连接的截面线绘制球体产品，如图3-52所示。

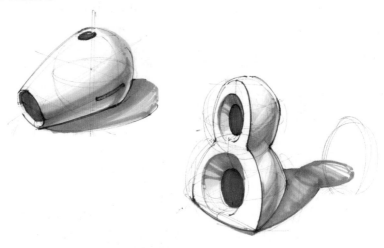

图3-52　通过球体与其他部分连接的截面线绘制球体产品

3.2.5　圆角的练习

几乎每种工业产品的外形都有圆角，这些圆角通常与生产制造和装配过程有关，并且对产品的外观影响非常大。这些琳琅满目的产品中实际上仅存在几种基本的圆角类型，只是它们逐渐从单方向到多方向、多角度变化，从而拥有了大小不同、多种多样的外形，如图3-53所示。

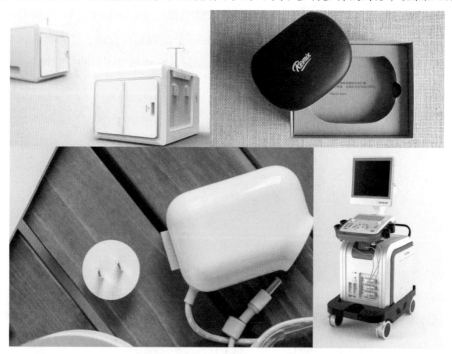

图3-53　产品的圆角外形

图3-53 产品的圆角外形(续)

在进行产品绘制时，画好复杂的圆角能够更好地表现产品的真实细节。接下来，通过单向圆角和复合圆角两种类型，描述产品圆角的绘制过程。

1. 单向圆角

单向圆角是指圆角的方向仅仅朝向一面。单向圆角几乎存在于所有的产品中，只是有些比较明显，有些比较微小而已。

勤于分析和观察各种身边的产品，是掌握单向圆角绘制方法的最佳途径。练习时可以先绘制物体的大致结构，然后再细修圆角部分的结构，如图3-54所示。物体上左右对称的圆角在透视图中看起来完全不同，可以借助参考线来比较画出对称的圆角。

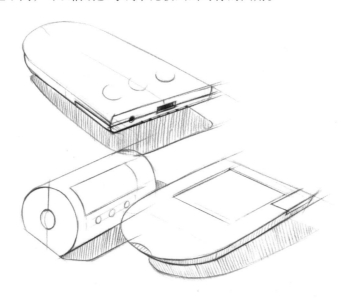

图3-54 单向圆角的练习

只有理解了圆角，才知道在何处以什么样的方式来绘制产品的结构线。我们可尝试在绘制产品时，在表面绘制一些必要的结构线，目的在于使产品的结构和造型看上去更清晰，并且可以省略某些复杂的暗面与细节部分的绘制。图3-55是利用一个圆角所在的四边形来找到其对称圆角的位置。

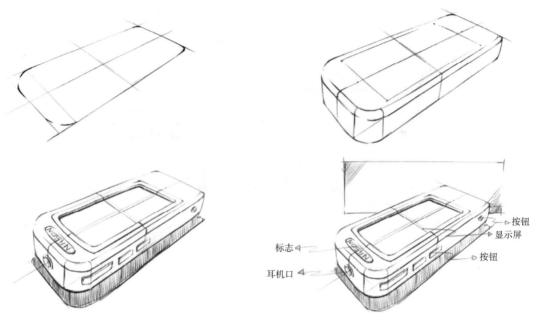

图3-55 利用结构线绘制圆角

当长方体中的圆柱体部分比较小时，就可将其称为单向圆角。图3-56介绍的是单向圆角的绘图方法，它使用了强调方形和圆形关系的方法，为保证4个圆角的透视比例相同，可以将外围长方形的对角线作为辅助线，绘制其中角度较小的圆角。

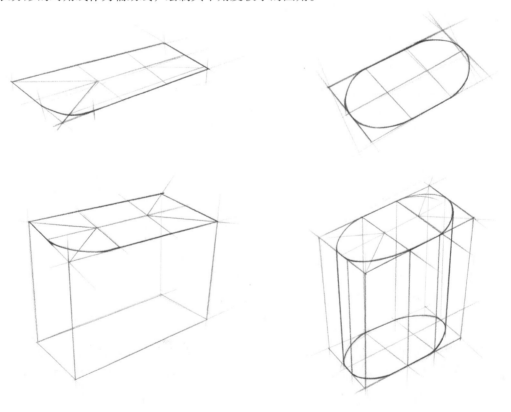

图3-56 单向圆角的绘图方法

物体的暗面与暗面的反光更依赖于其表面的材质，如亚光和光滑材质的表面会呈现出截然不同的反射现象，这些并没有一种通用的绘制方法。但暗面的过渡可以帮助理解圆角的绘制，如图3-57所示。

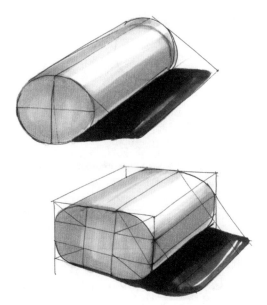

图3-57　圆角的暗面过渡

2. 复合圆角

复合圆角，是指不同方向的圆角结合在一起，有些复合圆角是由大小不同的单向圆角混合而成的。大部分产品的外形都含有复合圆角。

从图3-58的烤面包机的效果图中可以发现，产品的外形存在很多复合的圆角。产品外形的边缘是些小圆角，细节的部分有更小的圆角，所有的过渡部分是由不同大小的复合圆角组成的。

图3-58　烤面包机圆角范例

图3-59中是一个由较大的单向圆角与两个较小的单向圆角组成的复合圆角，这种特殊的复合圆角可以按照图示的方法理解和分析。

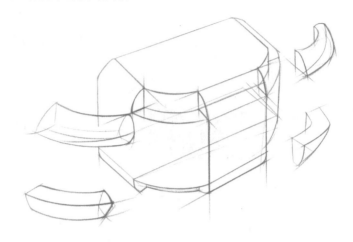

图3-59　产品的复合圆角

下面介绍两种常用的复合圆角的手绘方法。

(1) 减法原则。首先绘制物体大致的形状，然后不断削减，最终找到并画出圆角，如图3-60所示。这种方法的缺点在于圆角的部分会留下许多参考线，过多的线条会让画面看上去较暗，而在实际表达中，圆角的部分恰恰是画面中最亮的区域。

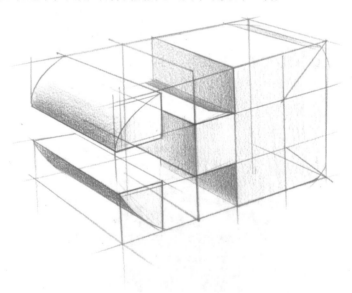

图3-60　以减法原则绘制圆角

(2) 加法原则。首先确定物体最大的圆角，然后逐步加上较小的圆角和细节部分的圆角，这样就可以尽量减少画面上多余的线，仅留下用于确定物体大致形状的几条主要参考线，如图3-61所示。

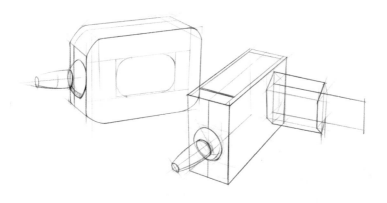

图3-61 以加法原则绘制圆角

3. 圆角产品的绘制

在进行产品绘制时，尽管各类物体的形状相差许多，但都可以运用前面介绍的方法来画出它们的圆角。首先以平面作为绘制草图的切入点；然后在某些关键的位置加入结构线来强调造型的变化，起到解释造型的作用；最后在平面上按照从大到小的顺序绘制圆角，如图3-62所示。

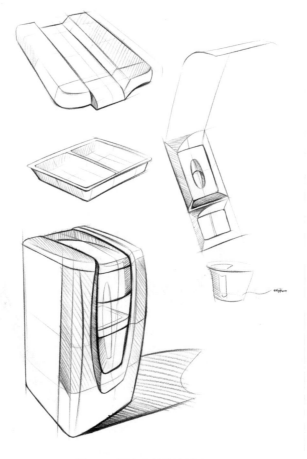

图3-62 圆角产品的绘制过程

对于扁平圆角产品的表现，可以把产品投下的阴影看成绘图的一部分，在表达圆角细节的同时，也应该注意对于投影的表现，如图3-63所示。

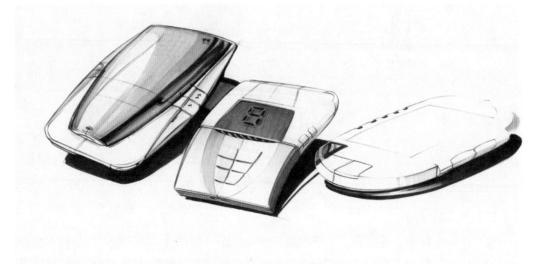

图3-63　扁平圆角产品的画法

如果物体的圆角非常小，就不用特意地表现出来，绘图时可以用两条邻近的线条来概括，如图3-64所示。注意两条线之间的部分要比周围亮一些以表现圆角的反光。这个产品看上去比较扁平，因此建议将上表面作为绘画的重点。有时候产品表面的结构线和部件的接缝可以帮助强调并暗示出圆角微小的形状变化。

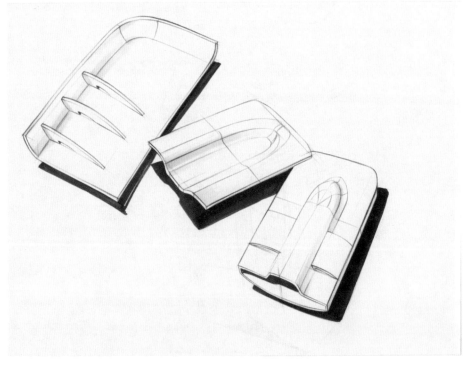

图3-64　壳体产品上的圆角表现

第4章

产品色彩与材质表现

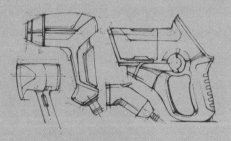

Product Design

4.1 产品色彩的表现方式

4.1.1 色彩基础讲解

在设计中应用最广泛的色彩体系就是"蒙赛尔"，在这个体系中所有的颜色都可以通过3种特征来表示，即色相、明度、饱和度(色彩纯度)。

色相一般是指颜色的名称，如橘红色、绿色等，如图4-1所示。从专业角度来说，色相是由颜色的波长决定的。

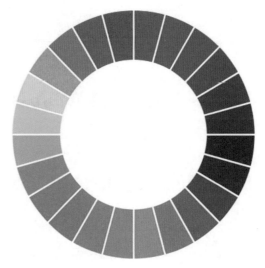

图4-1 色相

在色相环中，我们可以看到不同色相之间的关系，如图4-2所示。其中，中间的3个四边形所指的是三原色，其他颜色都是通过两种原色混合而成的。色相环中相对的两种颜色混合会变成灰色，例如红色和浅绿色。

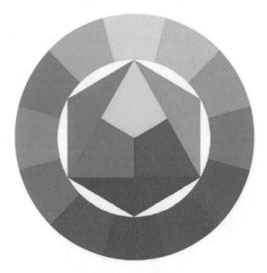

图4-2 色相环

明度是由颜色受到光线影响的程度所决定的，它可以使颜色的混合更加生动。明度表现了色彩与白色的混合程度，这里以红色为例，如图4-3所示。

图4-3 明度变化(红色)

饱和度是指颜色的强度。高饱和度的颜色只包括纯色，而低饱和度的颜色则是纯色与灰色的混合，这里以红色为例，如图4-4所示。

图4-4 饱和度变化(红色)

很多图像编辑软件和绘图软件都使用蒙赛尔体系来描述色彩，图4-5中展示的是表现色彩特征最典型的方法。右侧的矩形表示色相；左侧的矩形表现了某一种颜色的饱和度及明度，该矩形最右边顶点处的颜色是其饱和度最高时的状态，而越接近左边顶点就表示在颜色中加入的白色越多，从矩形中任意位置平行地往左边移动，就会降低色彩的饱和度，越接近下面黑色的顶点，颜色会变得越暗，饱和度也就越低。

图4-5 绘图软件中的颜色描述方式

在自然界中，颜色的纯度和对比度会随着距离的拉远而减弱，而且距离较近的颜色会比距离较远的颜色更偏暖色调。利用自然界的这种现象，可以在设计应用中表现立体感，即背景色应该使用纯度和对比度较低的颜色，同时背景色还应偏冷色调。

当我们使用马克笔对图4-6中这样一个蓝色的物体进行明暗处理时，可做如下一些颜色的调整：左侧立面我们只使用马克笔着色，所以此立面即为纯色面，这也就意味着它是色彩纯度(饱和度)最高的一个立面；而右侧立面则是先用灰色马克笔铺垫，然后在上面使用彩色马克笔着色，这一面的色彩明度及饱和度都应该比较低；上表面应使用与马克笔相同颜色的色粉与纸张的白色或是单纯的马克笔排线来表现出过渡效果，明度应比纯色面的明度更高一些。

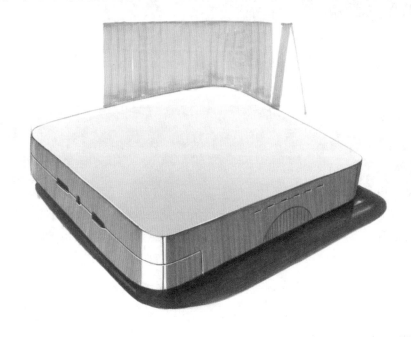

图4-6　物体不同面的明暗处理

4.1.2　背景的色彩表现

1. 彩色纸张背景

纸张的选择也会在某些时候影响绘图效果，如果物体的颜色表现并不重要，那么便可以通过在纸张原本颜色的基础上做明暗处理，有效地表现造型的空间感。例如，使用白色的纸张作为物体的亮面，使用灰色或黑色的马克笔绘制投影，并进行明暗处理。

使用彩纸绘制效果图时，对于亮面和暗面的处理会有所不同，高光部分需要使用白色铅笔来完成，而阴影部分的处理则使用灰色，会使画面的视觉效果更加饱满，如图4-7所示。

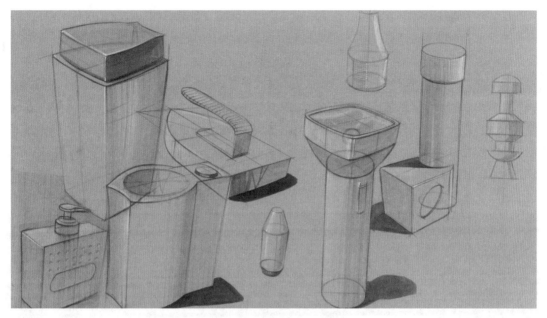

图4-7 在彩纸上绘制的效果图

  绘图时，找出亮面的部分会比找出暗面的部分更容易，使用彩纸只要稍加处理，就可以使草图效果更加丰富。

  图4-8就是在彩纸上绘制的草图，可以看出其表现的效果更为自然。首先用签字笔绘制线稿；然后将产品的造型分解并简化为几何形体的组合，如圆柱体、立方体、曲面，以及它们之间的过渡部分，草图中的物体分别被分解成长方体和圆柱体的结合，正圆柱体与扁圆柱体之间的过渡，圆柱体、长方体与两者之间的过渡等形态。

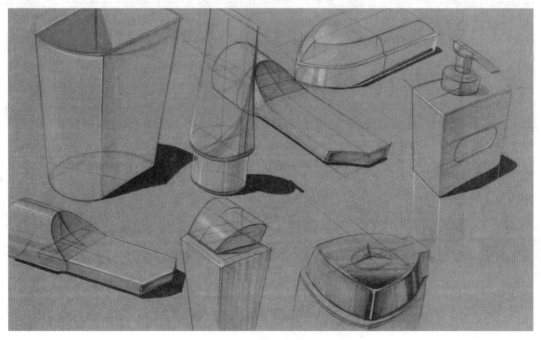

图4-8 对产品造型进行简化

在设计流程中，有时候线稿已经足以表现出设计创意。如果只用一种绘图材料如白色铅笔来画图，那么就需要通过线条的疏密来表现立体感，如图4-9所示。图中的底色较深，因此在绘制时使用不同疏密程度的排线来显示产品的亮面和灰面。也可以根据个人喜好选择使用彩色铅笔来表现，当然这也取决于设计创意。开始时线条要画得轻些，这样才能在最终成稿之前在同一张草图上修改设计创意。如果在白纸上绘图，要谨慎地选择彩色铅笔的颜色。例如，浅蓝色就不适合用来进行明暗处理、绘制阴影(即使画很多层，浅蓝色也只能使色彩越来越亮，而不是越来越深)，这时则应使用深蓝色代替。同样，深红色和紫红色比橘红色更适合表现阴影部分。不要使用黄色，因为在白纸上它显得太亮了。这些关于如何使用彩色铅笔的注意事项同样也适用于在彩纸上绘图。

图4-9　通过线条疏密来表现立体感

此外，在调整物体色调时，尽可能只使用一支灰色马克笔画出最少的阴影并绘制投影；可以用黑色铅笔来表现颜色的过渡；再用白色铅笔绘制高光，要特别注意高光的表现。在图4-10中，只使用了黑色和白色铅笔，以及白色签字笔，同时还使用了灰色马克笔来表现产品的暗面。将这些灰色或白色巧妙地组合起来之后，就可以区分出暗面和亮面的材质。这就是材质表现的第一步。

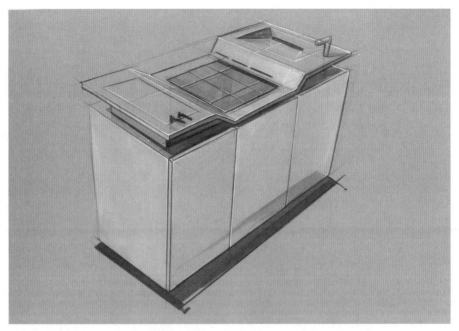

图4-10 彩纸绘制产品时的材质表现

　　排线时有两个最重要的注意事项：第一，排线的方向必须沿着物体表面的走向；第二，使用层叠的方法，也就是说稍稍改变一下排线方向以迎合光线的走向，并排一组线条来表现阴影部分，如图4-11所示。

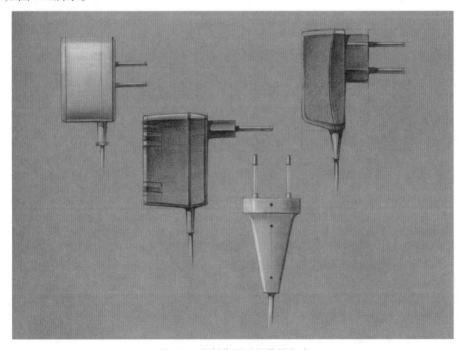

图4-11 绘制草图时的排线方式

　　对带有颜色的绘图纸，在绘图时可以直接用纸的颜色来表现物体的颜色。与在白色背景上绘图相比，在彩色背景上绘图的速度会更快一些，如图4-12所示。

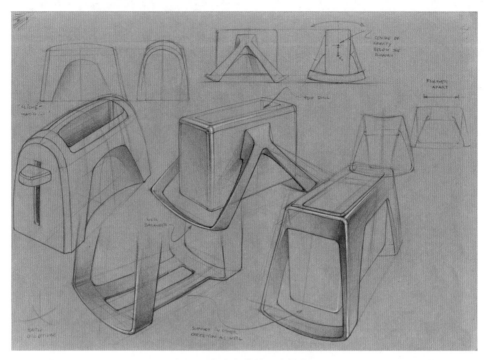

图4-12　在彩色背景上绘制草图

　　用马克笔对物体进行明暗处理和着色时，将画纸的颜色作为基础色，离观看者较近的部分使用偏暖色调的色粉或马克笔，可以使颜色更具饱和度。图4-13中左侧立面是物体的纯色面，使用暖色马克笔着色会比冷色看起来离我们更近，这样就可以使草图更具立体感，同时也增加了色彩的丰富性。

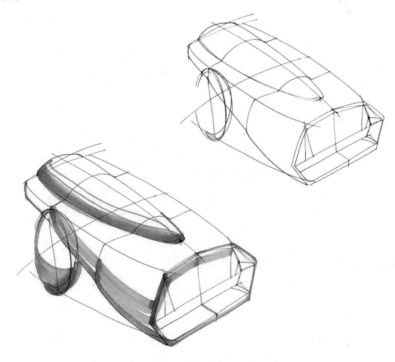

图4-13　使用暖色马克笔为产品绘制纯色面

物体暗面的部分可以使用灰色马克笔进行着色，同时还应考虑如何运用比较强烈的对比色，使草图更具立体感，并将观看者的注意力从线条中转移过来，如图4-14所示。

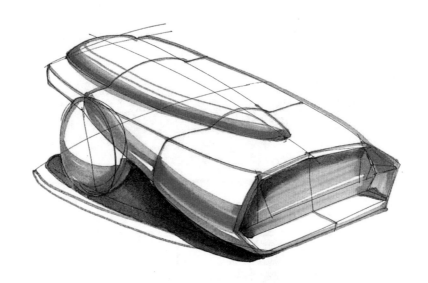

图4-14　使用灰色马克笔为产品绘制暗面

如果使用色粉来添加物体颜色，需要一层一层地涂，还要使用较大的动作来涂色粉。注意上表面为亮面部分，需要在蓝色色粉中混入白色色粉，如图4-15所示。由于色粉的使用，之前用深色马克笔着色的地方已经变浅，使得整个设计图的对比变弱，这时就需要使用橡皮和深色马克笔恢复之前的对比度。

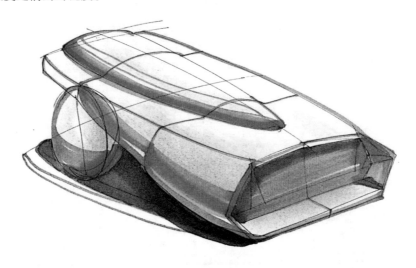

图4-15　色粉的处理

使用白色铅笔或中性笔表现高光部分，这一步看似简单，却可以给设计图带来很大的影响。高光一般画在设计图中距离观看者较近的部分，通过加强前后的对比，表现产品的立体感，如图4-16所示。

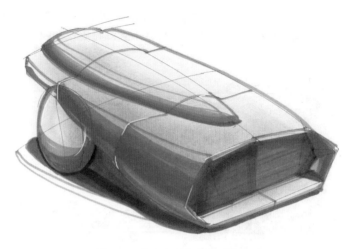

图4-16　高光表现产品的立体感

　　在这些快速表现的草图中，一般先使用灰色马克笔进行初始线稿的绘制，在前期分析物体造型时，这种方法有一个优势，就是不必在意过多的细节部分。然后可以使用不同层数和梯度的色粉来着重表现主要造型，还可以使用黑色的签字笔和马克笔来加强画面的对比度，如图4-17所示。这里色粉的表现类似于电脑绘图中喷枪工具的效果，所以在纸上完成灰色调和投影的着色后，还可以将它扫描进电脑，然后通过软件来完成后续的绘制。

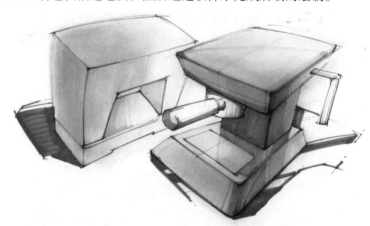

图4-17　通过色粉和马克笔丰富产品造型

2. 图片背景

　　为设计草图添加背景的方法很多，最简单的方法是用图片充当设计图背景。图片通常放在设计图后面，背景图片与设计图之间的联系需通过联想、色彩来完成，或通过表达情感和氛围的设计语言来完成，从而进一步改变设计图的视觉效果。

　　在设计效果图中增加背景图片，通常是用来突出产品的主体地位，使观察者的视线可以停留在产品上。因此，图片的对比度要低，而且要使用冷色调的图片，将图片尽量弱化，这样才能保持效果图作为视觉的中心点，如图4-18所示。

图4-18 使用图片作为产品背景增加其立体感和真实感

3. 墙面背景

手绘表现技法中的背景也可以是现实生活中的墙体，如可以利用马克笔绘制一面背景墙，将设计图中的产品置于这面墙前。用马克笔绘制背景，要求线条流畅，可随意地进行排列。墙面背景同样是为了突出设计平面图中绘制的产品的立体感，它可以和投影并用，也可以单独使用。

4.2 产品材质的表现方式

4.2.1 木头材质的表现

对于木头材质的产品，绘制的时候除了要注意表现木头的表面肌理和纹路外，还需体现出材质本身的特征。这些特征包括材质色彩的饱和度、色彩的明暗和对比、表面的反光强度和光泽度等。

木头材质一般用于表达原生态、自然、古朴、有一定文化气息的产品。在实际生活中，木头材质的产品一般情况下都是木头纹理，自然而细腻，而且木头材质的产品表面都会上一层油漆，和油漆结合可产生不同深浅、不同光泽的色彩效果。

通常效果图中表现的木头材质的产品要有一定的木纹特征：木纹中带有树结状线条可以用一个树结开头，沿树结做螺旋放射状线条，线条从头至尾不间断；细纹平缓状线条弯曲折变而不失流畅性，木纹纹路排列有一定的疏密变化，并且节奏感很强。在绘制木质产品表面纹路时，可以在适当的地方做不同韵律的纹路变化，以增强木纹的真实性。

由于生产工艺中有染色、油漆等工艺流程，木头材质的颜色会发生变化。市场上各种含木质材料的产品大多数颜色为：偏黑褐色(如核桃木、紫檀木)，一般高档音响等电子类产品会用到这种木纹颜色；偏枣红色(如红木、柚木)，一般案台产品会用到这种颜色的木纹；偏黄褐色(樟木、柚木)，一般各种家居产品会用到这种木纹颜色；偏乳白(橡木、银杏木)等颜色。

如果是木纹面积较大的产品，要表现其木纹材质，轮廓线可用直尺画出，然后向同一方向开始平涂，对同一大块的颜色可以做一些变化，如使部分木板颜色渐变加重，打破其单调感，让画面整体更具变化性，如图4-19所示。

图4-19　绘制木纹面积较大的产品

画带有转折面的木纹材质产品时，选择颜色较深的马克笔，如棕色马克笔，用尖头部分画木纹，画出产品中木纹材质和其他材质交界线下边的深影，以增强立体感，再用直尺拉出由实渐虚的光影线，把整个木纹材质串联起来增强整体性。如果要勾画产品中木纹材质外轮廓线，要注意木纹的变化是随着外轮廓线的变化而变化的，但不是所有木纹都是相同方向的，要适当画出变化起伏。如果是带有弧度造型的产品，上底色时要注意半曲面体的反光、背光处的明暗深浅变化，如图4-20所示。

在马克笔颜色的基础上适当地刻画、点缀木纹中的树结纹理，加重明暗交界线和木纹材质下的阴影线，并衬出反光。如果遇到产品中有局部露出木头的情况，应该强调木头前端的弧形木纹，不过需要随原产品的各种造型起伏拉出边缘反光的光影线。这种手工绘制的木纹材质效果，刻画用笔除了选择粗犷、大方、大气的风格以外，还要使用精细的刻画风格。

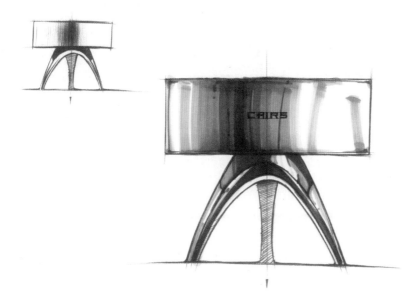

图4-20 手工表现木纹材质

4.2.2 透明材质的表现

生活中最常见的透明材质是玻璃，玻璃有很多易于识别的特征，我们可以在设计图中将其表现出来。

玻璃是晶莹剔透的，这就意味着表现时高光部分要更亮，这时可以通过打造深色的背景来表现玻璃材质，增强高光的对比度。如果是使用白色背景，那么就要将玻璃反光和折射的特征画得更为强烈、夸张。在图4-21中，为表现玻璃的特征，将瓶体的大部分留白，并使用深色的马克笔和白色高光笔对瓶身反光的黑色部分和白色部分进行细致地刻画。

图4-21 绘制玻璃瓶身

要绘制玻璃材质，需先使用黑色签字笔绘制线稿，用同一支签字笔描绘一些轮廓线，表现出材质的厚度，并在比较厚的玻璃部分画出黑色的反光，如图4-22所示。我们可以很随意地绘图，特别是在绘制下底面椭圆形的时候，要注意底面上大量的线在最后成稿中的样子。

图4-22 绘制轮廓线

通过观察具有弧度的玻璃物体，如玻璃杯，会发现透过玻璃杯所看到的物体投影出现了变形，这就是所谓的折射。曲面或圆柱形玻璃产品会发生非常明显的折射现象，透过它们会看到扭曲的背景，特别是接近产品边缘的地方，折射现象会更加明显。同时，玻璃边缘的透明度也是最低的。越厚的玻璃透明度越低，反射和折射的现象就越明显，如图4-23所示。

图4-23 绘制玻璃的折射

　　玻璃上比较厚的部分会产生投影，这种效果在绘图时应该被夸张地表现出来。透过玻璃可以看到投影部分，但看到的产品投影要比直接看到的投影颜色稍浅。因此可用色粉涂上一层灰色，然后通过多涂几层灰色来表现玻璃制品的投影，如图4-24所示。处理玻璃表面的单层时，色粉还可以被用来处理明暗关系和反光。注意轮廓线周围的玻璃应该是完全不透明的。

图4-24　绘制玻璃的投影

　　玻璃的另一个特征是反光，反光一般出现在玻璃材质比较厚的部分，一端会是黑色或白色的，如图4-25所示。

图4-25　带有反光的玻璃杯

89

在丰富材质时，可以使用色粉来绘制反光和高光的部分。从理论上说，应该在物体的前面使用较暖的颜色，后面使用较冷的颜色，以便表现出物体的立体感。但实际上，玻璃的反光和高光部分通常是通过将色粉擦掉来完成的，然后添加一些用白色铅笔和白色中性笔画的高光点即可完成绘图。此外，在彩纸上绘制可以更加凸显玻璃的高光，使用白色色粉可以使玻璃制品从彩色背景中凸显出来。

玻璃的透明质感可以通过绘制后面的物体将其表现出来，有时候也可以使用周围环境中的物体反映透明质感。如图4-26和图4-27所示，通过酒瓶的瓶身颜色、瓶口的红酒塞和透过车窗所观察到的汽车内饰来表现透明材质。

图4-26　通过前后对比反映玻璃的透明质感

图4-27　通过内饰表示玻璃的透明材质

有时候玻璃的透明质感也会被强烈的反光和高光所掩盖，特别是在一些反光很厉害的侧窗表面，这会妨碍玻璃透明质感的表现，在圆柱体造型的物体中弯曲度较大的部分常见到这种情况。像车窗这种比较大的平面，当垂直于这个表面观察它的时候，其透明特质能很好地体现，而如果是从侧面观察，就会看到大量的反光和高光。为了表现玻璃材质所特有的通透感，通常会选择比较简单的背景环境以突出玻璃的高光部分，首先汽车内饰只需要用黑色表现，然后用粗的浅色喷枪或灰色马克笔将汽车内饰覆盖一遍，这样其中的一些颜色也可作为玻璃的颜色，最后再添加一些反光和高光。如图4-28所示，这张图中的汽车不仅近处的圆角可以看到明亮的反光，离观察者较远的左右两边也可看到一些反光。

图4-28 汽车中玻璃的反光

4.2.3 光滑与粗糙材质的表现

1. 光滑材质的表现

光滑材质的表面反射会呈现一种光泽的质感，在真实环境中，这种反射的颜色是材料自身颜色与反射投影的混合，如图4-29所示。

在效果图中，为了强调物体光滑的表面质感，通常不考虑投影的影响，而是用夸张的环境色代替，光滑表面的颜色渐变是从纯色过渡到白色，如图4-30所示。光滑的表面会有反光，而且反光的颜色也会和光滑表面的颜色相同。但光滑表面一般不会有投影，因此效果图中光滑的材料要比实际情况看上去更加艳丽，对比度也更高。

图4-29 具有光滑材质的产品

图4-30 光滑材质表面的效果图表现

2. 粗糙材质的表现

粗糙的材质表面几乎不反射周围的环境，而是通过颜色的渐变和暗面的过渡来表现的，例如橡胶和陶土等材质，具有这种材质的产品表面通常过渡均匀，高光部分也比较柔和或没有高光，如图4-31所示。粗糙的材质表面基本上不会出现反光，但是会出现投影。

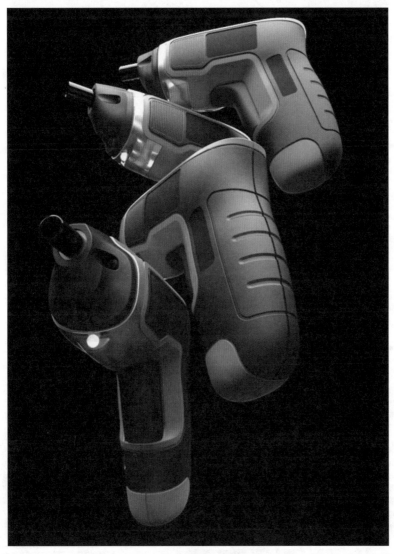

图4-31 产品粗糙表面的质感

在图4-32所示的汽车内饰效果图中，由于汽车内饰多使用表面粗糙的布面或皮革面，因此内饰表面的过渡都很均匀，没有高光效果和高反光效果的出现，即使有阴影也是均匀过渡出现的。

皮革分为亚光效果的皮革和有光泽感效果的皮革，亚光皮革对比度较弱，只有最基本的明暗变化，没有什么高光，而有光泽感的皮革产生的高光也不会很亮，如图4-33所示。

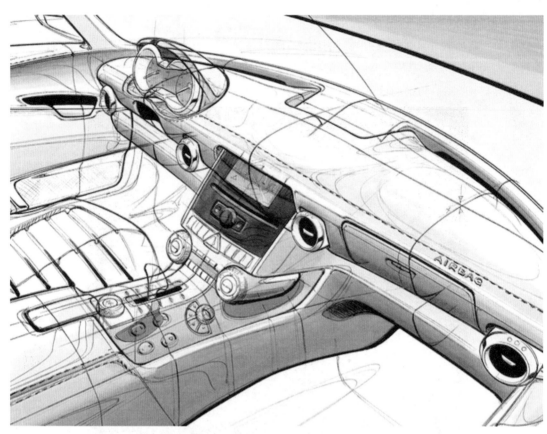

图4-32　粗糙表面的汽车内饰效果图

图4-33　皮革质感

一般情况下，皮革材质的产品没有什么尖锐的造型，通常靠厚度来体现，带有柔软感。在画皮革材质产品的时候要注意明暗过渡，因为皮革本身质地是比较柔软的，所以明暗过渡得越柔和，这种柔软感就越容易体现出来。图4-34是小型行李箱的效果图，行李箱上的大部分都使用了皮革面料，在使用马克笔对皮革进行材质表现时，采用了均匀的过渡方式，只在高光处做留白处理。

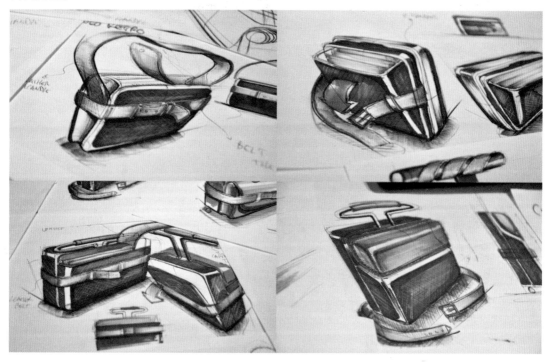

图4-34　皮革手绘表现

4.2.4　金属材质的表现

表现金属材质的产品时，要注意产品上的明暗过渡要柔和，在光源的照射下对比要强烈一些。在处理金属表面光泽度较强的产品时，要注意高光、反光和倒影的处理。金属材质大多坚实、光滑，为了表现其硬度，最好借助靠尺或者纯手绘快捷地拉出率直的笔触。

根据金属对比度的强弱，又可将其分为亚光金属、电镀金属等。亚光金属的对比弱，不会出现强烈的反光效果，所以敏感关系的处理就变得比较重要，如何正确地表现金属本身的冷灰色也很重要；电镀金属材质的对比强烈、光泽感强，基本上能够完全地反射周边的环境物体，在效果图表现中，要考虑如何将周围的产品或场景反映在该材质上。

当金属表面是弯曲或是圆角时，这种反光就会变形，通常会呈对比强烈的黑白条状，如图4-35所示。如果是用于圆柱体的表面，这些条纹常常是纵向排列的。

图4-35 光滑表面的金属材质

对曲面、球面形状的用笔也要求下笔果断、流畅，反光的位置也是很重要的，这些变形的反光通常存在于圆柱体的边缘部分。曲面和圆角的金属反光通常是不规则的，在画设计图的过程中可以简化这些反光，使它们的造型不至于破坏物体的立体感。在绘制金属材质的上表面时加些蓝色，底部加些褐色，这种被称作"天空—地面"的无边界效果，天空的颜色代表高光，而想象中的环境色代表深色的反光，这可以增强空间感，同时也可以丰富观察者的色彩体验，效果如同将金属物体放置在只有天空和地面反光的沙漠中一样。这些深色反光开始的部分可以用黑色马克笔绘制，然后用白色色粉覆盖造型的所有部分，高光的位置则需要多涂几层，通过蓝色和赭石色来添加无边界效果，如图4-36所示。

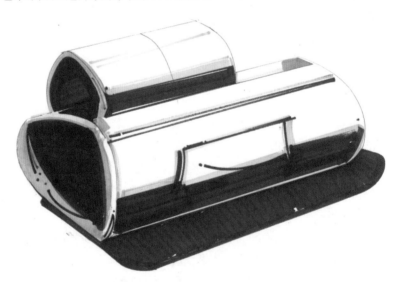

图4-36 高反光金属质感的表现

从图4-37所示的金属材质实物图片中可以看到，浴室中摆设的反光效果与产品效果图的样子有很大不同。

图4-37 场景图与效果图中产品反射的区别

如果临摹产品造型，反射图像应该被简化，并使用对比强烈的明暗关系进行处理，使其更具有空间感，如图4-38所示。例如，在直立的圆柱体造型上，将深色的反光画在一边，再将浅色的反光画在另一边，这样可以使设计图更具立体感。当在白纸上绘图时，这种黑白对比，特别是高光，会比画在彩色背景上的效果更好，因为这些彩色背景也会同时反射在金属上，最终影响设计图的效果。

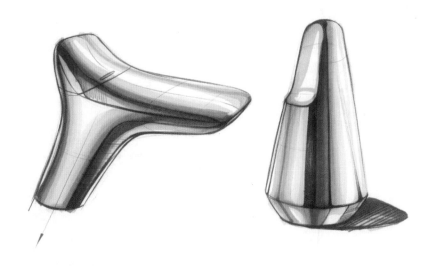

图4-38 临摹图

注意在绘图时不要全部都用签字笔勾线，应将阴影中的黑色和灰色部分区分开来，这样不仅可以丰富视觉效果，还可以使物体看起来更有真实感。最后使用白色铅笔、白色水彩或白色中性笔绘制高光部分，一定要小心处理这些白色的高光。

4.2.5 纹样与肌理的表现

在绘制产品效果图时，为主要造型着色后就可以开始添加产品表面的细节部分。在一个简单的造型上添加纹样和肌理可以丰富产品的造型，也可以增加设计图的丰富性和完整性，通过小小的改变使简单的造型显得更加真实。

图4-39中讲解了在效果图中产品的表面添加小细节的步骤。首先，使用灰色的马克笔勾画轮廓并着色，使用黑色的签字笔绘制产品的细节部分和空白部分。其次，处理产品的明暗关系，将灰色马克笔与白色铅笔一起使用，表现物体的凹凸部分。较大的插孔可以结合黑色马克笔和白色彩铅来完成。

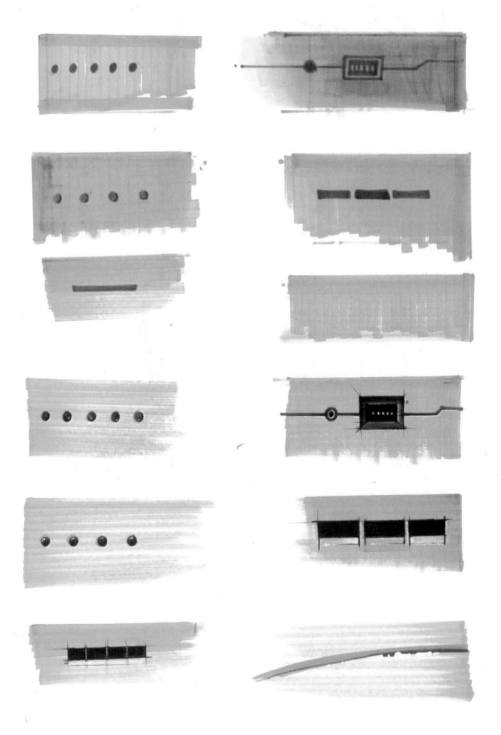

图4-39 细节部分绘制

产品表面的纹样多种多样，可以借助一些特殊工具进行绘制，如图4-40所示，使用高光笔绘制咖啡罐的标志，使产品在彩色背景纸上更具有真实感和立体感，更加吸引眼球。

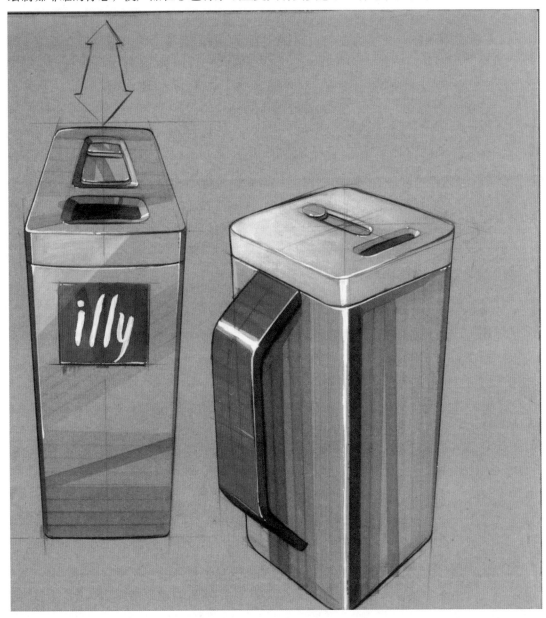

图4-40　使用高光笔表现产品纹样细节

在绘制汽车的外观时，可以借助肌理板的造型进行汽车格栅的绘制，使车身显得更有层次和质感，如图4-41所示。同样的，在绘制鞋子、手表等的表面肌理时也可以借助这种方式。

图4-41　借助肌理板绘制的汽车格栅

可通过绘图软件来添加物体表面的纹样和肌理。例如，可以通过电脑扫描添加一些纹样，这种方法一般用于将品牌的名称和标志添加到设计图中。我们也可以结合手绘与绘图软件的优势，将线稿画在纸上，然后将其扫描进电脑完成后续的步骤，这样一来手绘的颜色可以被保留，又使纹样添加工作更加简单。注意扫描草图后，白色纸张的颜色会变得有点暗，因此在保持所有线条原样的前提下，可以使用图像编辑软件提亮亮面部分。

4.3　产品不同配色的表现方式

在进行产品设计时，不同阶段所用到的产品效果图是不一样的。在初期创意构思与头脑风暴阶段，更加注重的是方案的多样性和开放性，所以这一阶段的效果图也是多以单线或单色的侧视图为主。在设计交流与造型完善阶段，更加注重的是产品的完整形体、细节问题、材质问题、结构问题等，因此这一阶段的效果图也多以多色、多角度的表现产品透视关系或明暗关系的透视图甚至是细节图表现，以更好地完善方案细节。

4.3.1　单色产品配色的表现

单色产品配色的效果图绘制常出现在初期创意构思、头脑风暴、草图绘制阶段。草图绘制是产品设计过程中最具创意性的阶段，在这个阶段通常采用相应的绘制工具来表现设计概念及创意想法。在草图绘制的初期阶段，通常只需要描绘出物体的外轮廓线及能够体现产品创意、概念的关键性结构线，不需要考虑精确的尺寸及产品的透视关系，如图4-42所示。在此阶段单色草图的绘制是最为迅速及直接的一种方式，在绘制线条的基础上，仅运用一种色彩，基于产品关键结构的材质、色调、光线和阴影的变化绘制出物体的体积和深度。

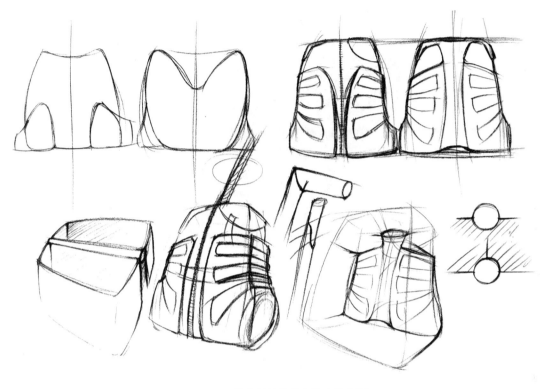

图4-42　物体的结构线和轮廓线草图

　　在设计的初期阶段，使用铅笔、彩铅和针管笔进行单色草图的绘制，在进行绘制时可以将笔尖倾斜，倾斜角度的不同，绘制出的线条色调也不同。例如，当笔与纸面呈45°～60°夹角时，绘制出来的为实线，此类线条可以作为方案的轮廓线、表现概念的关键性结构线等线条出现；当笔与纸面呈30°夹角时，绘制出来的为虚线，颜色为浅灰色，此类线条可以作为方案的辅助线在草图中出现。

　　铅笔或针管笔可以与马克笔在同一幅作品中混合运用。先用铅笔或针管笔绘制框架和草图，再选用单一颜色或者某一灰色系的马克笔进行单色产品草图的绘制，如图4-43所示。马克笔在这类草图中通常起到强调重要轮廓、描绘物体明暗，以及体现材质质感和颜色的作用。想要在单色产品草图中强调这些特征，可用马克笔在同一区域内以相同的方向进行排笔绘制。在单色产品效果图中可以使用铅笔或针管笔以由密到疏的规则进行排线，或者使用灰色系马克笔绘制来体现阴影效果，为了表达材质的磨砂或者光滑特性，可以通过纸张的留白来体现物体的光亮区域。

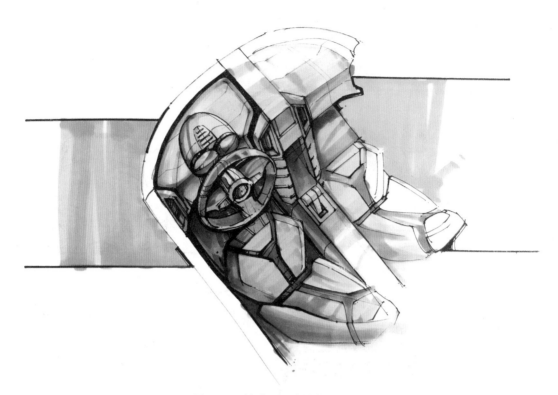

图4-43　暖灰色系马克笔产品草图

　　在绘制单色产品效果图时，首先根据产品外轮廓及相关特征结构绘制辅助线；然后根据辅助线绘制出草图的基本线条，在绘制产品的正面或者四分之三面时，物体中心的中轴线非常重要，可以以此作为参照来绘制中心对称的产品造型；用铅笔或针管笔强调出色调的差异，区分出明暗面，并描绘出产品的细节；用单色马克笔或灰色系马克笔在区域内通过疏密的排笔绘制，强调平面上的深度和变化，凸显产品细节的体积感及产品材质的特性。

4.3.2　多色产品配色的表现

　　多色产品配色的效果图常出现在设计交流或造型完善阶段，这个阶段是产品方案逐渐完善且定型的阶段，通常需要将产品方案创意、产品细节、选用材质、搭配颜色、形体外观、尺寸比例等特征完整、准确且较为真实地表现出来，并与团队内的其他成员进行汇报及沟通。因此，这一阶段中效果图的材质表现和透视关系就显得尤为重要。

　　产品效果图中的色彩绘制技法能够使产品看上去更加真实，有助于表现产品表面的材质特性及方案细节，所以在多色产品配色效果图中准确地使用不同色相、不同色调及不同明暗度的颜色十分重要，这样才能够有效地表现产品的外观、材质、结构、阴影及表面光泽。

　　只有在产品造型的细节及相关结构比较明确的情况下，才可以在绘制过程中选择和搭配合适的颜色，如图4-44所示。在描绘产品造型转折较为明确的位置时，通常使用明暗对比较为强烈的同一色相的颜色，或者对比较为强烈的不同色相的颜色；在描绘产品造型转折较为缓和微妙的位置时，通常使用同一色相中明暗较为相近、过渡较为平缓的颜色，或者不同色相中色彩饱和度较低或较为邻近的颜色。

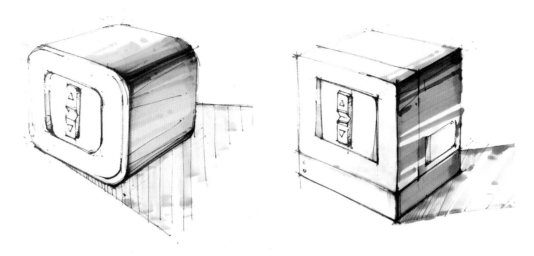

图4-44 过渡缓和与过渡明确的产品草图

在绘制多色产品效果图的初期阶段，需要根据较为完善的设计方案绘制出精细的产品手绘线稿，此时需要考虑画面中涉及的方案展示的角度及透视关系、方案的设计亮点、方案的细节及重要结构、方案的配色及材质搭配等。因此，在绘制线稿时需要使用浅灰色的辅助线将方案的大体位置、透视关系、比例关系、细节或结构与主体的位置关系等表现出来，如图4-45所示。

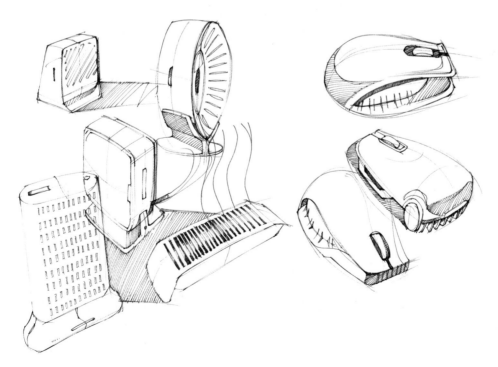

图4-45 体现辅助线的线稿透视图

特别是在绘制中心对称方案的四分之三侧面效果图线稿时,产品的中心线就显得尤为重要。准确的产品中心辅助线能够帮助产品方案在绘制时通过对透视关系的分析,达到对称形态的准确性,如图4-46所示。

图4-46 体现中心线的效果图

在完成辅助线的绘制后,使用铅笔或针管笔肯定且果断地绘制出方案的线稿,并通过线条的粗细及深浅区分出线稿中方案的明暗关系及视觉中心。

马克笔是用来进行效果图绘制及上色的重要工具,相较于水彩、色粉笔等其他工具,马克笔使用起来更加方便,且在表现风格上更加流畅、直接和明确。使用马克笔进行绘制时,在区域中间停下就会产生洇墨的现象,所以运笔必须迅速,在同一区域进行绘制时要连续。马克笔的笔类颜色通常分为纯色、低纯度颜色及高级灰三类。

在多色产品配色的效果图绘制中,通常有两种颜色搭配方式:两种以上高纯度、高明度颜色搭配;高纯度、高明度颜色与低纯度、低明度颜色搭配。

两种以上高纯度、高明度颜色搭配通常指方案自身配色,或者方案及背景的配色达到了两种或两种以上的高纯度、高明度颜色。当效果图中的高纯度、高明度颜色面积较大时,在进行其他颜色的搭配时应尽量选择邻近色或互补色进行绘制,使画面整体比较活泼或温馨,如图4-47所示。此类配色比较适合活泼、动感的产品,或较为温馨的家居类产品,以及体现安全性的产品。

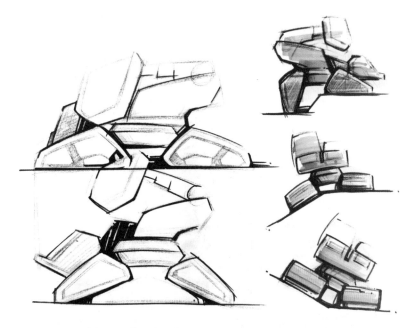

图4-47　高纯度、高明度面积较大时色彩搭配效果图

当效果图中的高纯度、高明度颜色面积较小时，在进行其他颜色绘制时经常会搭配高级灰色马克笔，整体采用暖灰或冷灰色系的马克笔进行绘制，在画面视觉较前方且小面积范围使用高纯度、高明度颜色的马克笔进行绘制，从而起到强调视觉中心且丰富画面层次的效果，使画面整体显得高级或带有科技感，如图4-48所示。此类配色比较适合电子类产品，或者商务属性较强的产品。

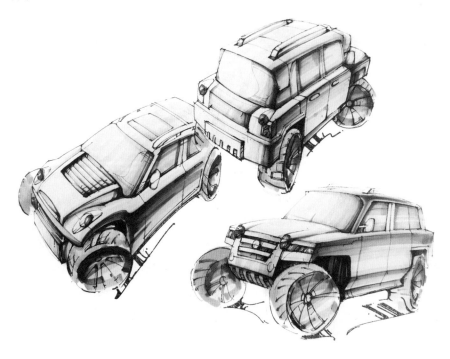

图4-48　高纯度、高明度面积较小时的色彩搭配效果图

　　高纯度、高明度颜色与低纯度、低明度颜色搭配所绘制的效果图，其适用的配色规律及可应用的上色面积与上文有相似的地方。当低纯度、低明度颜色作为产品效果图主体颜色时，可选用高纯度、高明度颜色，且用与绘制的低纯度、低明度颜色为邻近色或互补色的马克笔进行小面积绘制，起到点缀、活泼画面的作用，如灰蓝色与亮橙色，如图4-49所示。

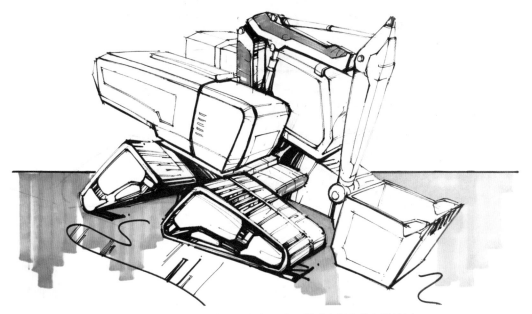

图4-49　高纯度、高明度与低纯度、低明度颜色搭配效果图

第 5 章

基本造型的光影基础

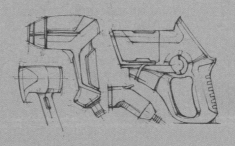

投影指的是物体投射在平面上的影子，物体的投影最能体现画面的立体感，因为投影可以为画面创造一种视觉的深度，从而增加画面的真实感。除了物体本身的造型，投影还与光线入射的方向有直接的关系。图5-1中4把椅子的投影全都朝向同一方向，这是由光线的入射角度、入射方向和光源类型所决定的。

图5-1　透过椅子照射出的投影

物体与投影之间的线条同样起到强化产品立体感的作用。在图5-2所示的手绘作品中，物体连接阴影一侧的线条相对较粗，颜色也较重，这样可以清晰地体现出产品的边界线，并突出产品的立体感。

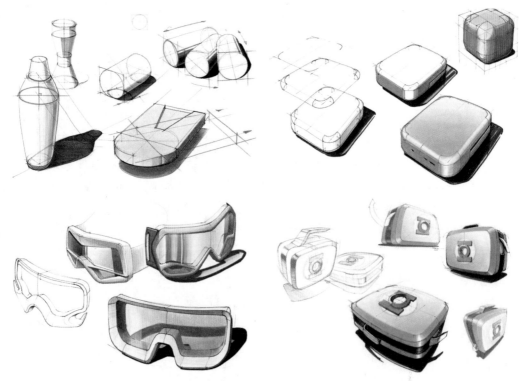

图5-2　效果图中投影的基本样式

在一幅效果图中,投影往往是画面中颜色最深的部分。通常投射到地面的阴影比投射向墙面的阴影颜色深,这是从日常生活的经验中总结出的规律,因为房间地面的颜色通常比墙面颜色深。有时候这两种投影的颜色可能不同,但一定是相关的。

5.1 投影的基本原理

5.1.1 光源

明暗关系是指在光源影响下,物体每一面的明暗差别。明暗关系通常用于表现物体的体积感,并使其可以融入环境。

1. 平行光源

一般情况下,平行光源(见图5-3)会产生像实际生活中那样的投影,作为一种特殊的平行光,是极好的绘画光源,因为通过它投射到物体上所产生的阴影,通常可以凭借经验来确定其位置。我们平时生活中所见到的产品效果图表现,大部分情况是以平行光源为假定光源。

2. 点光源

如果把光汇聚成一点向外发散,那么就会形成中心投影(见图5-4)。中心投影是由同一点发出的光线形成的投影,投影线交于一点,一个点光源把一个图形照射到桌面上,这个图形的影子就是它在桌面上的中心投影,这个桌面为投影面,各射线为投影线。空间中的图形经过中心投影后,直线的投影还是直线,但平行线的投影可能变成了垂直相交的直线,经过中心投影后的图形与原图形相比虽然改变较多,但直观性强,与人的视觉效果一致。

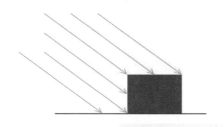

图5-3 平行光源

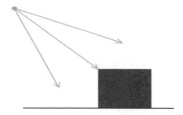

图5-4 中心投影

如果一个平面图形所在的平面与投影面平行,那么中心投影后得到的投影图形与原图形也是平行的,并且中心投影后得到的投影图形与原图形相似,这是理想环境下出现的情况。而普通的室内照明所产生的阴影则会因光源的性质和位置不同而形成巨大的差别,不易判断,因此点光源一般无法提供适合的投影,且点光源所产生的投影形状与物品形状,以及灯光的位置、大小都有关系,更难想象其形状。相比之下,平行光源所形成的投影更容易想象,也更接近实际情况。

3. 光源的方向

用两条线就可以表现光源的方向：实际光源的方向为斜线A，投影方向为B，如图5-5所示。想象平行光源从立方体的5个顶点照射过来，就会产生一个光源照射角度的斜线A和稍稍偏向右上方的投影方向的斜线B。图中所有实际光源的方向(斜线A)都是平行的，而所有的投影都会向灭点方向逐渐聚拢。

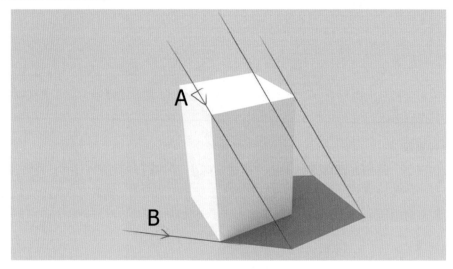

图5-5　光源方向和投影方向

5.1.2　投影方式

画投影的方法类似于将一个造型以正确的透视投射到平面上，投影与物体本身的透视要聚拢在同一个灭点上，水平方向的线条长度应与其在投影上的长度相同，我们可以运用这个方法准确地找到物体投影的位置。

图5-6中的光源方向是默认的自上而下照射，因此投影方向也是自上而下的，这种投影方式是手绘效果图中常用的阴影投射方式，常用于不贴合底面的物体上，可以表现出物体与地平面的距离感。

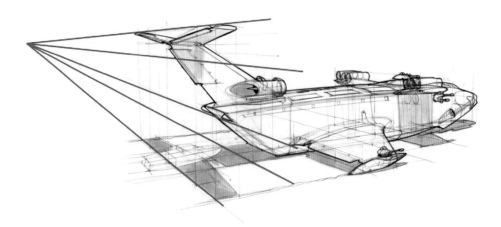

图5-6　投影和物体本身的透视角度

如图5-7所示，镂空椅子的投影是根据灯光的入射角度与灯光的照射方向确定的。

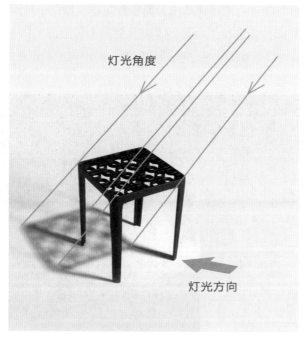

图5-7 物体投影由灯光角度和灯光方向决定

在选择绘制效果图的光源角度时，如果选择面向光源，不仅会使物体前方全是投影部分，而且更重要的是无法表现物体的色彩和明暗关系。如图5-8所示的光源方向，投射出的阴影与正方体右侧正方形宽度一致，且形状为正方形，无任何形状变化，会使观看者无法通过阴影来识别视觉盲区中的物体形体特征。一般情况下，选择光源的方向是将物体最具特征的一面作为阴影部分，这样投影就可以间接表现出物体的造型。

图5-8 投影与物体的一个透视方向相同

环境光并非光源，它是光照射到环境中的物体上并由物体反射而成的。由于环境光的影响，物体的投影会随着与物体之间距离的增大而逐渐减弱。如图5-9所示，在这个弯曲木雕的工艺品中，以百合为基础样式进行了设计。木雕投射到地板上的阴影表现了其特殊的镂空结构，并且距离木雕较远的投影看上去相对模糊和黯淡，而距离木雕较近的投影看上去相对具体和清晰。

图5-9　投影的虚实

依此规律，在绘制效果图时加入投影，可以增加画面的真实感。在进行阴影绘制的时候要选择适当的角度，既可以表现物体的造型，也要有合适的投影长度，这样就不会因阴影的面积过大而占据太多画面空间。

5.2　投影造型

投影不但可以强调物体的造型，而且可以清晰地反映产品的结构及产品与地面、背景之间的关系。投影看似非常复杂，其实大多数物体的投影造型都有相应的样式。圆柱体、立方体和球体是效果图中构建阴影时几个最常用、最基本的形态元素，如图5-10所示。

图5-10 圆柱体、立方体与球体的阴影基本形状

任何一个基本几何形体的投影都有各自的特征，并且都应该符合两点：第一，投影应该具备足够的空间以突出物体的形状；第二，投影是用来衬托物体的，不要将其表现得过大而破坏了画面的层次感。

5.2.1 立方体

绘制立方体的阴影时，光照的方向不仅为立方体创造了一种合适的明暗关系，而且给予了立方体合理的投影效果。

在分析立方体表面的明暗关系时，由于光的入射角度不同，物体表面的明暗关系也不同。在素描理论中，物体的侧光面不受光线直射，因此表面色彩的饱和度相对最高，通常叫作灰面。而物体的背光面不受光源照射，表面灰暗，因此叫作暗面。受光面受到光源直接照射，比侧光面亮，颜色也不如侧光面饱和，因此叫作亮面。

平行光投下的阴影被物体遮挡的部分可以运用几何原理来找到相对的位置。在绘制盒子内部的阴影时，盒子越深，光越不容易照射到里面，盒子内侧底面看起来很暗，但是可以通过几何原理来推算盒子中阴影的形状和位置。如图5-11所示，通过光的角度和方向可以推算阴影的形状和位置。

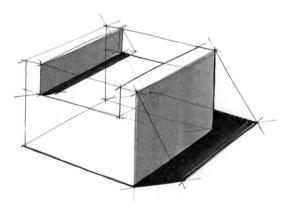

图5-11 复杂形态的投影方式

投影还可以暗示物体与地面之间的距离。如图5-12所示,方块的投影并没有紧贴着地面,而是相隔了一段距离。在绘制复杂形态的阴影时,可以采用经验估画的方式来代替精确计算的方式,因为复杂形态的阴影不易精确计算,而且经过精确计算之后的阴影形态因其过于复杂会造成强过主体的视觉效果。另外,在效果图的阴影中加入一些反光会令画面看起来更加生动。

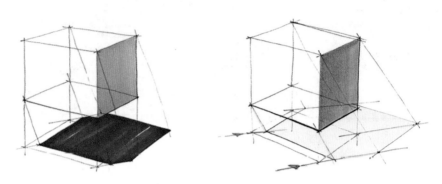

图5-12 脱离底面的投影方式

对于比较窄的部分,投影只要将上表面或横截面的造型作为投影的造型即可。这种方法通常被称作假设投影或投影下移,如图5-13所示。使用这种方法画的投影既可以接近实际情况,又可以简化绘图过程、提高效率。绘画者需要以适当的方式来表现该投影,大部分情况下应将物体其中一面的投影画得稍微大些,而不是使两边对称。

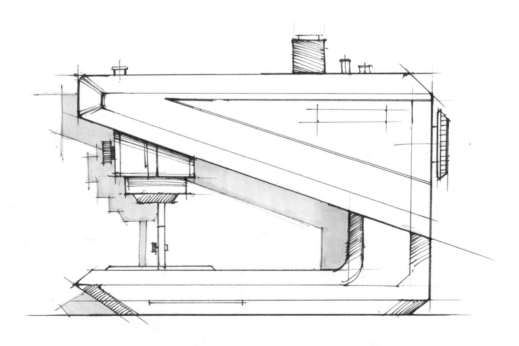

图5-13 运用投影下移的方式绘制投影

5.2.2 圆柱体和球体

对于造型相对完整的物体，同样可以利用分析和简化的方法将其分割成基本的集合形态。图5-14中的瓷器可以看作圆柱体、圆锥体和球体等形态的混合，可以看出图中瓷器的造型基本没有柔和的过渡，大部分都呈现出强烈的转折。图中最左侧的近似于圆锥的瓷器与其右侧的圆柱部分相比，受到光的直射部分较多，亮面的区域较大。此外，4个瓷器之间暗面的位置也不一样。

图5-14　基本形态中的暗面

绘制类似圆柱形状的物体时，先要确定一条穿过圆柱中心的轴线，叫作圆柱的轴心线，轴心线的方向决定了观察的视角，直接影响物体在画面中的最终造型。如图5-15所示，圆柱端面椭圆的长轴恰好垂直于这条轴心线。

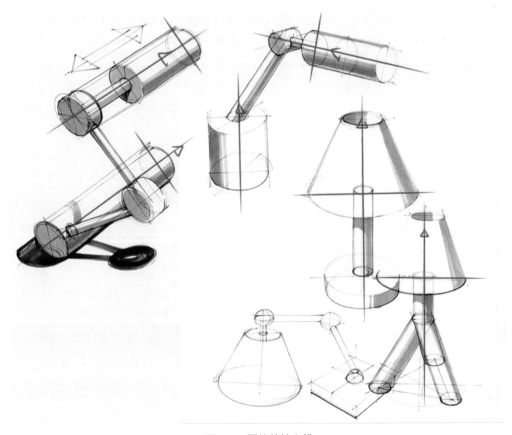

图5-15　圆柱的轴心线

表现圆柱体的投影是将上表面投射到水平面上，然后用两条表示光源方向的线条将圆柱体的底面切线连接起来，这是处理圆柱体明暗关系的开始。阴影颜色最深的地方并不在轮廓的边缘位置，而是在圆柱体里面，这是由于受到了环境反光的影响，这样可以更好地表现出弧形的特征，如图5-16所示。

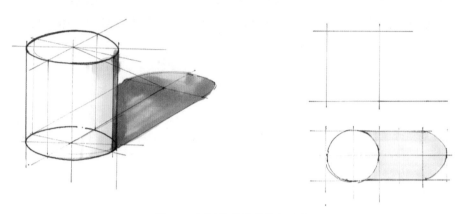

图5-16 圆柱体投影的基本画法

圆柱体的投影由其外轮廓尤其是端面决定。在透视图中，因为存在透视关系，直立圆柱体的上下表面会有微小的差别，其投影也会随之产生微妙的变化。

图5-17中奶瓶的投影主要是通过奶瓶几个重要部位的横截面确定的，可以把这些横截面看成圆柱体的端面，受到透视的影响，这些横截面所呈现的椭圆由下至上逐渐变扁。瓶身投下的阴影同样遵循透视规律，呈现出相同的变化。由于受到环境光和物体材质的影响，投影最深的地方不是影子中心，而是影子的边缘且靠近奶瓶的区域。

图5-17 奶瓶及投影

　　圆柱体的端面垂直于其轴心线，因此轴心线的方向决定了端面椭圆的透视关系。观察图5-17左侧奶瓶上3个朝向不同方向的圆柱体，不难看出轴心线的方向与端面椭圆的关系是有规律可循的。一笔画出一个合适的椭圆并不容易，但是可以尝试连续勾画椭圆，并在勾画的过程中不断校正，最终根据这些大致的曲线确定一个最合适的椭圆，并把线条逐渐加重。

　　图5-18是一个立式的台灯，对于类似摆放的产品，我们很难确定其投影的确切位置和大小。因此，可以运用转换的方法，先把台灯灯罩中的端面放到一个四边相切并且符合图中透视关系的平行四边形中，然后找到这个平行四边形大致的投影位置，最后把平行四边形的投影还原为椭圆，就得到了我们需要的投影和大小。

图5-18　带有透视的圆柱的阴影绘制

　　在图5-19所示的水壶设计中，设计师首先绘制了一些基本的几何体作为造型的参考，然后用各种曲线丰富水壶的外形，尤其在壶口的部分尝试了更多的变化。壶身的圆柱形是根据上述方法进行绘制的，在绘制出符合透视要求的壶身上的椭圆断面之后，其自身所产生的阴影就可以进行精确绘制了，这也是一种推敲产品造型的简单方法。在运用这种方法绘制大量的草图后，会创造出许多新颖的造型。

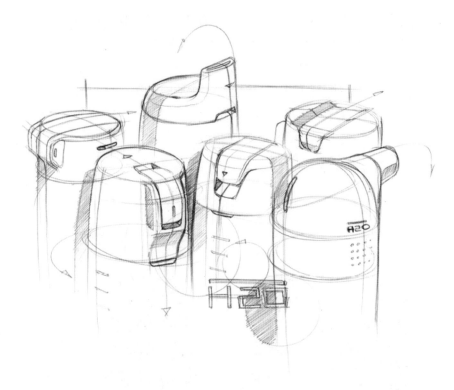

图5-19　产品草图的基本投影绘制

　　具有球体特征的产品，其外轮廓大多是圆形。球体的阴影特征为，光源直射的方向为球体的高光，高光的周围由于非光源直射而逐渐变暗。球体自身最暗的地方不是球体阴影外轮廓的位置，而是靠近外轮廓的位置，呈现月牙形状的明暗交界线，如图5-20所示。因此，在绘制具有球体特征产品的手绘效果图时，要注意其阴影形状是呈现一定弧度的，这样也通过阴影间接展示了形体的弧度特征。球体的投影均为椭圆，而椭圆的大小尺度与产品自身形态特征、产品距离平面高度等因素有关。

图5-20　球体产品及投影

本章介绍的光影手绘方法应作为效果图绘制的基本知识来学习和掌握。实际上,手绘效果图并不需要十分精细的投影,依靠经验大致估画的投影足以满足设计的需要。如图5-21所示,连接的圆形纸片所投射的复杂阴影可以根据几个相互连接的椭圆来构建。

图5-21 圆形纸片与投影

第**6**章

产品设计效果图的
种类与表现方法

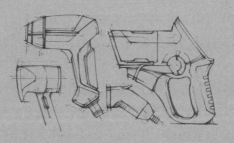

Product Design

6.1 爆炸图

为了更明确地表达产品的结构和装配关系，在绘制效果图时需要具体呈现每个结构装置的连接特点和结合方式，以便评估设计的可行性。手绘产品效果图中的爆炸图，能满足上述要求，充分体现产品细节。

爆炸图主要用来揭示产品内部零件与外壳各部分之间的关系，通常可以作为工程与结构设计的参考，用来探讨装配时可能遇到的各种潜在问题。产品的每个部分被分解后按照一定的逻辑展示，这种逻辑与装配过程有着紧密的关系。图6-1是一款产品真实的爆炸图渲染效果，将各部件适当重叠排列，再加上必要的参考线，使部件之间的关系更加明确，既整体又统一。

图6-1　产品真实的爆炸图渲染效果

爆炸图主要用来表示产品内部零件与外壳之间的关系，通常作为结构设计的参考而非结构设计本身。因此，绘制基本的产品爆炸图，不必清楚地绘制出产品内部结构和专业部件，但是可以将产品分为几个基本部件来绘制。

产品的每个部件被分解之后，应按照一定的顺序进行绘制，这种顺序与产品部件的装配过程相同。将各个部件按照顺序排列，会使产品爆炸部件间的关系明确，浅显易懂。

透视过于强烈的视角会引起产品某些部分扭曲而造成识别障碍，因此要特别注意根据组件的多少来选择最合适的视角。如图6-2所示，该产品选择了从上向下的视角，利用竖向排列的方式展现层次。

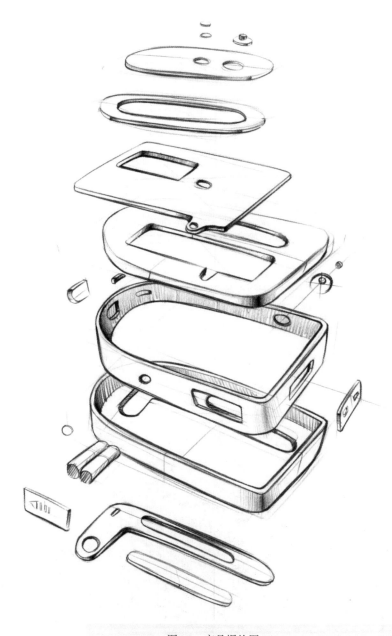

图6-2 产品爆炸图

　　爆炸图中重叠的运用是一种比较实用的方法，可用于确定产品与产品之间的位置。同样，使用参考线有助于理解各部分之间的关系。

　　产品各部分之间的距离以及重叠关系，必须与画面的层次和所要展现的产品信息一起考虑，如果爆炸图中没有任何重叠和参考线，仅仅依靠物体之间的距离很难判断它们的位置关系。图6-3是照相机的爆炸图，绘制时在主体物和小按钮之间都分别添加了方向不同的参考线，这样更能说明不同部分的关系。

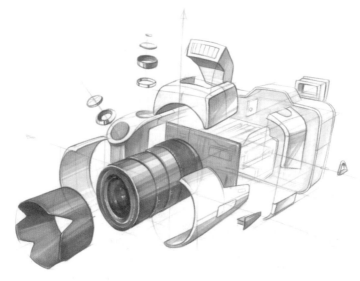

图6-3　照相机爆炸图结合参考线绘制

6.2　剖视图

为了展示产品的内部结构或揭示某些被挡住部分的信息，最好的方法就是把产品剖开，拿掉遮挡的部分，露出所要表现的产品细节的横截面。例如，汽车发动机的效果图，就常使用这种方法来展现其内部复杂、精密的结构，如图6-4所示。

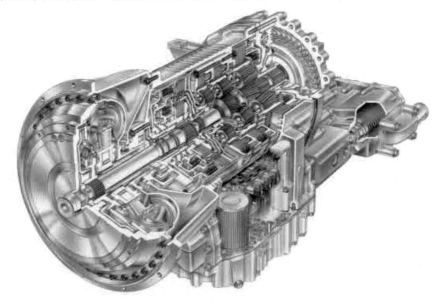

图6-4　汽车发动机剖视图

图6-5为淋浴产品隐藏管道剖视图，该剖视图提供了足够的信息来说明产品内部结构的层次关系，能有效帮助设计师与那些不善于阅读效果图的客户进行交流和沟通。

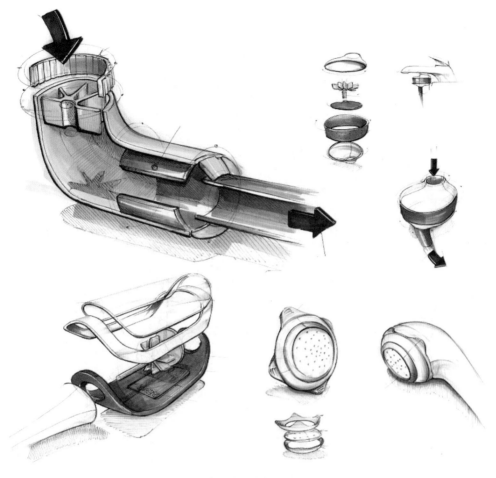

图6-5　淋浴产品隐藏管道剖视图

当以剖视图为基础绘制草图时，应从最大的平面或横截面开始，这样有助于保持造型的对称性。任何立体造型都可以看作体的组合，也可以看作面的叠加。横截面可以用来构建物体，也决定了物体造型的过渡，如图6-6所示。

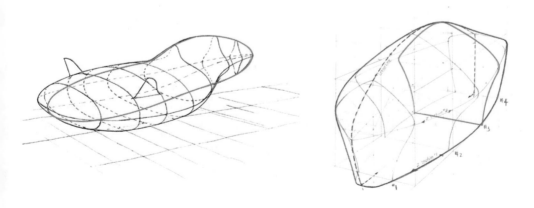

图6-6　产品剖视截面的选择

图6-7展示了复杂的汽车发动机的局部剖视图。

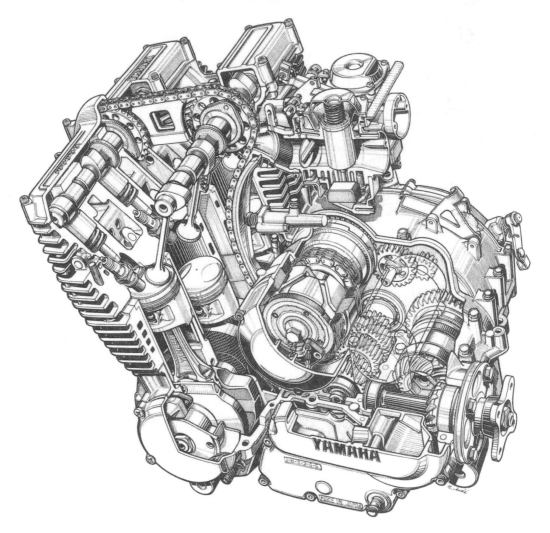

图6-7　汽车发动机局部剖视图

6.3　半透视图

半透视图与剖视图类似，是一种展示产品内部结构的手绘方法。不同的是，半透视图不但可以看到产品的全部或部分内部结构，也能够完整展示产品外观的形状，产品内部零件和外壳造型之间的关系可以直接通过这种方法明确地呈现出来。半透视图通常用在产品外观的再设计项目中。

图6-8是一款跑车的半透视图，在绘制内部的发动机结构时采用了半透视图的表现技法，使观看者既能够看到产品外壳的造型和材料，也能够了解内部的零件和结构。

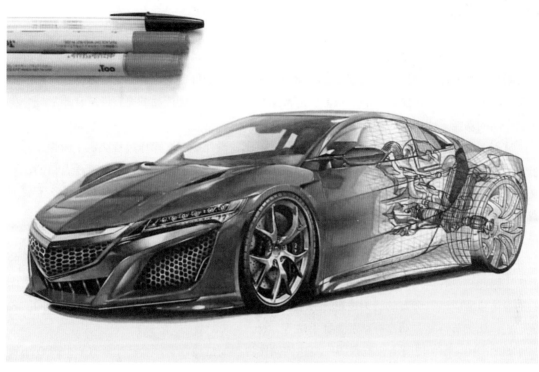

图6-8 跑车的半透视图

图6-9是一款小型的移动U盘的半透视图，通过图片我们可以更清楚地了解它的内部结构，明确其外观设计原理。

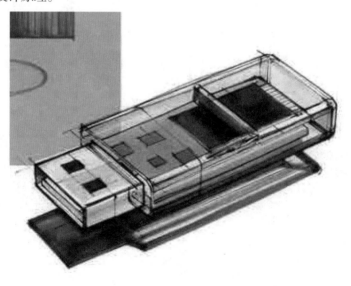

图6-9 移动U盘的半透视图

6.4　流程图

产品流程图的绘制系统地包含了产品和产品的配件。大多数产品不仅有独立的主体部分，还会附带一些配件，如插头、数据线、功能底座等。这些配件也属于产品的一部分，所以除了绘制产品本身外，还需要对它的系统部件进行绘制，确保所绘制产品的完整性，让用户进一步了解产品的功能、使用方式和环境。

流程图的根本目的在于尽可能传达一种合乎逻辑的操作顺序，操作过程决定了流程图的数量和绘画方法。流程图主要分为两种：一种是运用一系列连续的图画描绘一个流程，目的在于交代产品的使用方法和组装过程，如家具类产品的说明书，家具一般是分部件包装的，需要消费者按照说明书的流程图组装；另一种没有严格的顺序规定，更多是强调一组部件的位置关系，这种流程图多出现在产品的用户手册中，如指导消费者如何组装电脑的流程图。

绘制流程图时，设计师需要深入研究消费者，尤其是消费者在不同文化背景下理解事物的逻辑。因此，最好运用国际通用的视觉符号和语言设计一个完整清晰的说明过程。流程图中描绘的操作步骤应该符合人的行为逻辑，并且容易阅读和理解，每个步骤的草图可采用不同的表现形式，如细节特写、动作分解及象征书法等。

如图6-10～图6-12所示，流程图所表达的操作过程简洁流畅，不会产生歧义。此外，还要将产品的尺度和视角关系表达出来。

图6-10　流程图范例(1)

图6-11　流程图范例(2)

图6-12　流程图范例(3)

6.5 使用场景图

产品的手绘效果图不仅需要表现产品的外形，还需要将产品的使用方法、环境、功能也传达出来。在手绘效果图中适当地附以产品使用方法，对用户理解产品的设计创意非常有帮助，甚至某些产品只需要简单地绘制产品使用方法示意图即可起到传达设计创意的作用。

6.5.1 场景绘制

场景图能够更好地展示产品的相关信息，设计师与设计师、设计师与工程师、设计师与客户之间都需要用手绘场景图来沟通产品的使用情景。产品效果图中应该适当地表现一些场景，这些场景起到了展示产品的使用方式、产品的操作界面，以及产品的基本内部结构关系等作用。图6-13为展现产品使用场景的效果图。

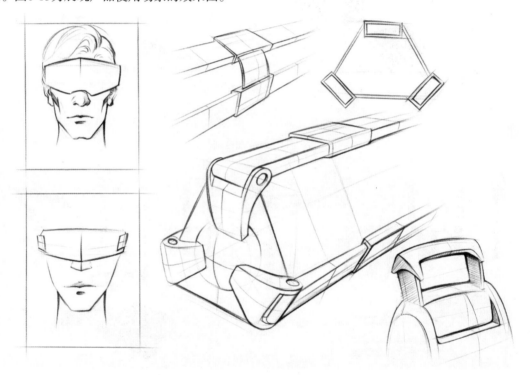

图6-13　产品使用场景图

场景绘制的要求包括：绘制使用方法时需要注意真实产品的比例，适当配合绘制手持操作示意图或卡通人物，力求体现现实中的使用场景；以箭头等符号表现使用中的动作；保证画面的主次关系，以产品效果图为主，使用方法为辅；适当地书写设计说明和操作说明。

图6-14是一款户外产品使用场景的手绘效果图，结合手部和手机绘制，体现了产品智能化的特点。

图6-14　户外产品使用场景

图6-15中把产品的多角度透视作为效果图的重点，有利于区分画面的主次关系和饱满构图，将与人物结合的使用场景放在左下角。

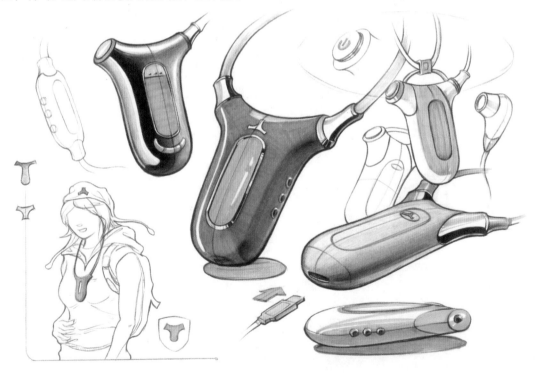

图6-15　产品多角度使用场景

6.5.2 手部绘制

绘制手持设备的产品场景图时，通常避不开对人体手部的描摹，描绘手部时不仅要表现手部造型，还要表现出手在持物时的各种姿势，如捏、抓、用力地握和轻轻地拿等，这些姿势可以通过手部的动作表现出来，如图6-16所示。

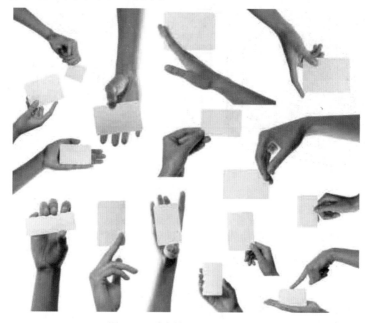

图6-16　手在持物时的各种姿势

有时我们还需要将手部造型与产品一起绘制在设计图上，如图6-17所示。绘制时不仅要研究如何表现物体造型，还应特别关注手部和产品之间的互动。

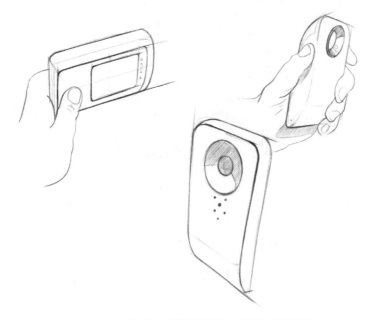

图6-17　手部造型结合产品绘制设计图

在图6-18这个案例中，在表现按下按钮这个动作的同时，设计师还在图中表达了关于人体工学的问题，如穿戴的方式、左右手的设置及物体的尺寸等，如果草图中只绘有产品则无法解释这些问题。

图6-18　手在产品效果图中的配合表现

我们在绘制效果图时，可以描摹手部造型作为底图，也可以同时画出手部和产品的造型，以确保手部和产品的绘制方式是相同的。此外，在绘制产品的主体部分时，应确定正确的透视关系，再将产品和手部的线条加粗。

可以使用反光和投影来完善手部及产品的造型，但手部的明暗不要表现过多，否则会吸引观看者的注意力。如图6-19所示，手部的刻画显得复杂且略不自然；比较推荐图6-20中产品与手部结合的效果，不过于强调手部的绘制，能够更好地突出产品效果。

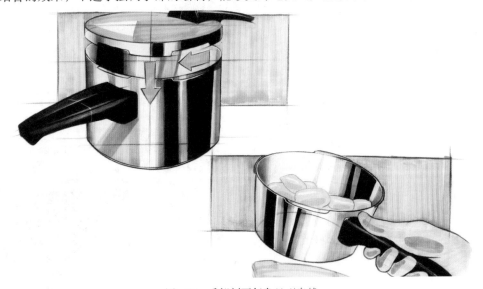

图6-19　手部刻画复杂且不自然

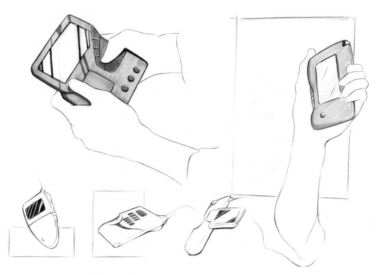

图6-20　简单的手部绘制突出产品效果

6.5.3　人体绘制

在产品效果图中，当要绘制人体配合产品场景效果时，人体姿势的选择非常重要。

图6-21是以照片描摹轮廓进行人体绘制的方法，设计师要表现出人体与助行车的关系，其目的在于展示产品的尺寸，以及表现产品细节是否符合人体工学。

将产品和人体造型结合起来可以解决很多问题。在人体造型的帮助下，产品的细节和层次可以很容易地被看到，观察者也能很容易地想象出产品该如何使用。当人体造型与产品结合起来时，需要使用相同的手绘风格来表现这两个造型，还要保证它们的视角相同，产品使用效果与人的透视角度一致，如图6-22所示。设计师需要多加练习，才能掌握好人体造型中细节层次的描绘，以便保持设计图整体的平衡感。

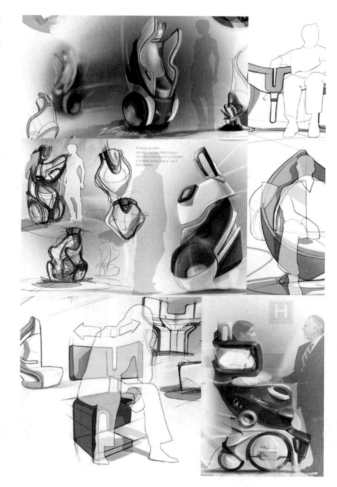

图6-21　绘制人体配合产品场景效果

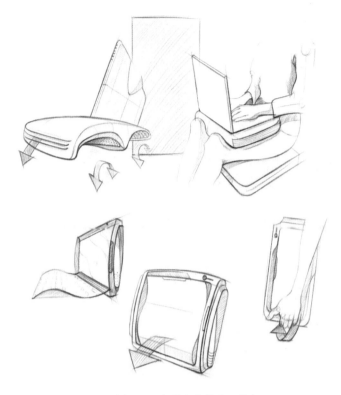

图6-22　产品和人体造型结合

　　效果图的重点还是应该在产品设计的表现上，人体造型只是为了使产品创意表现得更加清晰，如果为人体造型添加太多细节，会使设计图的表现不够鲜明，或分散人们对产品创意的注意力。

　　与其他的造型不同，人体造型总是能够很直接地表现出来，如图6-23和图6-24所示。虽然这里只画了人体的比例，但设计师已经清楚地表现出目标用户的类型、形象和穿着，产品使用的场景也配合得非常恰当。

图6-23　配合人体比例的产品场景表现(1)

图6-24　配合人体比例的产品场景表现(2)

　　图6-25中的人物很明显，吸引了观众的注意力，而产品则在很大程度上是通过颜色来体现的。在这个例子中，产品的造型并不重要，也没有很清晰地刻画出来，因为这幅设计图的目的是着重表现这个创意在变成产品之后的使用场景。

图6-25　绘制弱化产品造型的场景图

　　图6-26是目标用户在使用产品时的互动形式，背景图片中表现出这些互动发生的场所和目标用户的感受。从设计图中还可以看到产品在实际生活中的使用状态，比较适合用于向此产品领域以外的人汇报、讨论、展示设计创意。

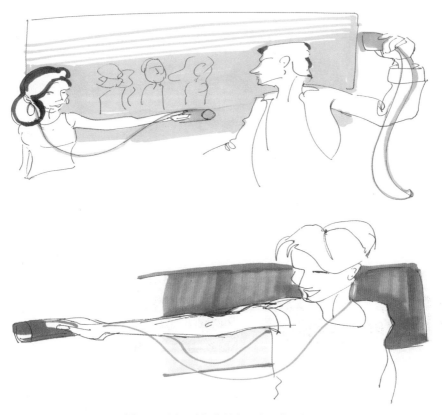

图6-26　用互动与背景表现产品使用场所

第 **7** 章

效果图版面设计

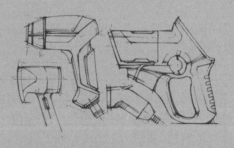

Product Design

当我们在看一幅图片时，眼睛通常不是盯着一个地方，而是先以极快的速度扫视一遍，同时大脑与所见到的一切现象进行匹配，之后视线会集中在某一个特定的位置，并快速地对这些信息进行理解。因此，设计人员在进行产品效果图绘制时需要遵循一定的视觉感知法则，这些法则针对人们的视觉信息感知方式，能够更快地传达产品的设计创意。

7.1 效果图的基本模块

构图是指创作者为了表现作品的设计思路和美感效果，在一定空间的画面中安排和处理不同模块的关系和位置，将个别或局部的形象组成一个协调的、统一的、完整的活动。产品效果图的绘制也需要遵循同样的过程，通过寻找效果图中不同模块之间的关系，使画面更加协调。

1. 效果图主要模块

一张完整的产品设计效果图通常是以透视角度效果图为主，并辅助以构思草图、细节图或文字等相关模块。产品手绘效果图的基本模块中最为重要的是产品设计透视主效果图，透视主效果图一般处于画面的核心部分，其线稿在绘制时需体现出完整的细节，并且在进行上色时要表达出准确的材质及明暗关系，以体现其完整性。

2. 效果图辅助模块

效果图的辅助模块包含设计痛点图、使用场景图、三视图、工程结构图、细节图、标题及设计说明等。

设计痛点图指产品设计的创意点来源，以流程图的形式展现问题从发现到提出解决方案的整个过程，以线稿的形式展现即可。痛点图的画面以说明整个过程为主要目的，不需要绘制过多的产品细节，并且辅以相应的文字说明。

使用场景图中包含产品及产品所适用的使用环境，可以采用线稿及上色稿相结合的方式绘制。使用场景图绘制的重点在于所绘制场景透视的准确性及产品与场景中其他物体比例的协调性。

三视图为产品的主视图、俯视图和侧视图。完整的产品效果图中由于版面的限制，通常以侧视图为主进行绘制，并标注产品的整体尺寸和关键结构部分的尺寸。

工程结构图通常展示产品的内部结构、关键部位的连接结构或小型产品间的装配结构等，如图7-1所示。此类结构图可以采用爆炸图、透视图或半透视图的形式进行绘制。工程结构图绘制的重点在于所绘制部件透视的准确性和一致性，以及在采用透视图形式进行绘制时，要注意配件与配件之间位置的关联性，结构展开时符合一致的透视关系，并且避免过多的视线遮挡，能够明确各结构之间的装配关系。在绘制时一般采用线稿的形式，并可以结合箭头等相关说明性图标。

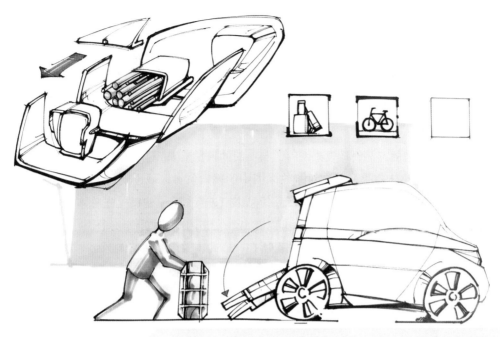

图7-1 产品的工程结构图

细节图展示主效果图中未展示的产品细节或产品角度，以及与设计创意点相关的产品细节，如图7-2所示。绘制细节图的重点在于明确的指引性，在绘制时要控制好细节放大的比例和尺度，尤其是较为复杂的产品，要使观者能够明确地辨识出细节图展示的产品部位。

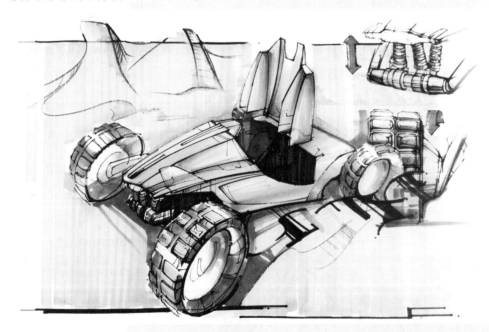

图7-2 产品的细节图

在绘制了完整的产品效果图以后，加入标题及设计说明是非常重要的。标题的选择要能够明确产品的设计主题和设计亮点，而设计说明在书写的时候也要注意条理清晰且内容明确。标题的设计还要和主效果图所使用的主色调相协调，文字风格也要与产品属性相契合。例如，在设计家用电器类产品时，标题的字体为契合产品风格，应体现简洁体块感或圆润感；在设计交通工具类产品时，标题的字体为契合产品风格，应体现运动感和炫酷感。

7.2 效果图的画面布局

在查看一张完整的产品设计效果图时，与一般的视觉感知活动一样，整个过程可以分为：首先观看效果图的整体效果，其次对于效果图中的视觉焦点区域也就是主效果图进行信息读取，最后关注完整效果图中其他模块对产品信息细节进行补充。也就是先总体浏览，再放大和过滤信息，最后关注细节的过程。由此可以看出，完整的产品设计效果图中主效果图的重要性，它是第一时间抓住观看者注意力的关键所在，因此主效果图在整体画面中的尺度及视角的把握就显得格外重要。

7.2.1 效果图中产品的尺度选择

完整产品效果图中主效果图的尺度一般与整体画幅的尺寸相关，合适的产品尺度非常重要，可以清晰明确地表现出产品的相关细节信息，并且第一时间抓住观看者的注意力。通常来说，主效果图需要占到整体画面1/3到1/2的空间，而画面尺寸越大，主效果图的尺度也就越大，也就越考验绘图者对于产品透视准确度、绘制连贯性的把握，如图7-3所示。例如，在绘制A3尺寸的产品效果图时，如果主效果图尺寸过小，那么画面整体无法展现丰富的产品信息和细节；绘制A3及以上画面尺寸的产品效果图时，较适合采用以主效果图为主并与多个辅助模块相组合的完整效果图模式，此尺寸画面中的主效果图的尺度能够较为明确地展现产品的相关细节，不至于因尺度过小而导致细节过于模糊。

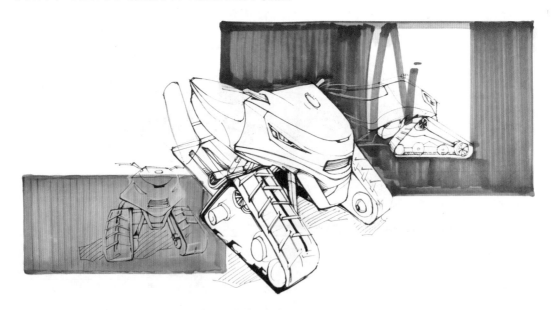

图7-3 主效果图与画面的尺度比例

7.2.2　效果图中产品的视角选择

在绘制主效果图时，对于产品的角度有多种选择，选择合适的绘制角度对于表现产品比例、尺度和相关细节尤为重要，合适的视角能够优化产品的外形信息，并且清晰地表现产品的尺度和体积。一个较大的物体与一个较小的物体相比，较大的物体在透视比例上会收缩更多，如在绘制一栋建筑与一个魔方时，建筑的透视收缩程度相较于魔方来说就要大很多。在绘制建筑时能够非常明显地感受建筑物近大远小的透视收缩变化，如图7-4所示；在绘制小魔方时近大远小的透视收缩变化就会比较微弱，如图7-5所示。

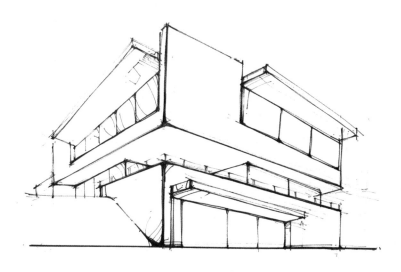

图7-4　透视收缩较大的建筑物

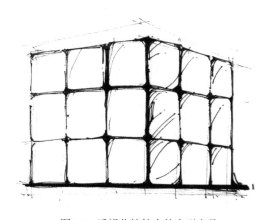

图7-5　透视收缩较小的小型产品

在绘制主效果图时，选择合适的绘制视角需要考虑两方面：首先，选择的视角要非常具有表现力，能够比较完整地展现产品的细节和结构关系，不会使物体的某一部分挡住产品的其他结构，如图7-6所示；其次，要从用户的视角出发，考虑产品在使用时用户的视觉角度，以体现视角的合理性。例如，在绘制杯子这类桌面小型产品时，从用户的视角出发，通常选择视角较低的俯视视角；在绘制公共汽车站或大型交通工具时，从用户的视角出发，通常选择透视收缩感较强的水平视角。

图7-6　选择具有表现力的视角

在使用俯视视角绘制产品时，通常产品的体量感会显得比实际尺寸要大，这种视角能够比较明确地展现产品的全貌，也能够更好地将产品的造型和不同部分之间的比例关系展现出来。例如，在绘制手机时通常会采用俯视视角，既符合用户视角，又能完整地展现手机的屏幕和按键细节，如图7-7所示。俯视视角在展现产品结构和特征时更具有表现力，并且更加全面。

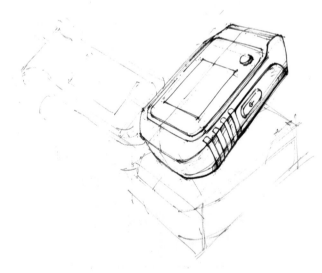

图7-7　俯视视角效果图

水平视角一般应用于绘制高于人身高的大型产品、建筑外形或室内空间等效果图中。绘制水平视角的效果图时，通常需要使用两点透视法。三维空间中垂直方向上的线条不会因为透视而产生角度变化，而是始终保持竖直状态。

仰视视角为较为夸张的效果图绘图视角，这类视角的视点通常会很低，视平线通常与地平线重合或高于地平线一点。产品在画面中通常会绘制在地平线上，由于视角的夸张，效果图中的物体要比实际观察时庞大得多，因此这类效果图会更具视觉冲击力。

7.3　效果图的构图方式

产品手绘效果图的画面通常为主效果图并辅以多个基本模块，因此合理的构图有助于更好地表达效果图画面中的视觉信息，引导合理的阅读顺序。

完整的画面构图中会有多个视觉焦点，绘图时要注意合理安排这些视觉焦点，使其按照一定的顺序抓住观看者的注意力，避免视觉上的冲突，令画面更具有秩序感。通过对画面中不同模块视觉层级的安排，可以对观看者的视觉顺序进行引导，使主要模块和次要模块之间建立层级差异，此时画面的构图就显得尤为重要。

在构图中，可以通过对各模块颜色和位置的安排，建立视觉层级关系，如图7-8所示。

图7-8　效果图排版

当画面中存在大量的视觉信息时，如果没有设置视觉焦点，那么观者就得不到相应的信息引导，也无法辨别哪些是重要信息，哪些是次要信息，不能明确视线的引导路线。但是如果设置了过多的视觉焦点，也会导致画面过于繁杂。

在效果图中可以通过设置视觉焦点的方式来强调产品的重点部分，并起到视觉引导的作用。可以采用强调轮廓线的方式，在手绘图中对产品上想要强调的部分绘制更加醒目的轮廓线，自动地将观者的注意力集中到这一部分上。在进行效果图的线条绘制时，一般要考虑画面中产品各个面的前后关系、光影关系等因素，从而控制线条的粗细和深浅。为了提高画面的视觉吸引力，可以在绘制部分线条时忽略原有的绘制原则，将靠近绘图者的轮廓线描绘得深一些，从而增强画面的视觉深度和立体感，以此强调重点并引导观看者的视线，如图7-9所示。

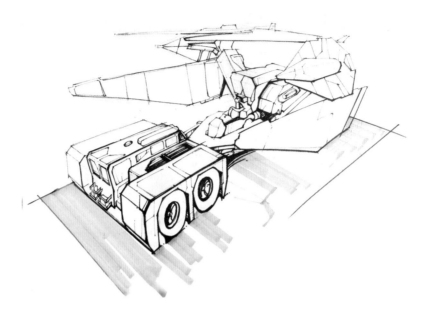

图7-9　效果图中的视觉焦点

　　由于产品手绘效果图是由主效果图和多个辅助模块组合在一起的，画面中可能会产生多个视觉焦点，因此要运用一定的规则对这些视觉焦点进行布置，设置一定的视觉层级来引导观者的查阅顺序。在构图时可以在画面中设置一定的层级关系，将观看者的注意力按照层级顺序吸引到一定的模块区域中。一般画面中的视觉层级，为一个主要的视觉焦点和两三个次要的视觉重点。

　　在设置画面中的视觉层级时，应先将画面中的不同模块按照一定的构图原则进行规划。最为常用的构图原则为中心对称的构图方式，它可以帮助观者更迅速、明确地接收画面信息。对于画面中想着重强调的主效果图可以放置在画面的中心位置，这种构图方式能够把视线迅速地吸引到中心位置，如图7-10所示。但是这种构图也有一些弊端，在整个画面中没有其他相对复杂的元素或模块来吸引视线，观察者可能无法感受下一步的引导，并失去对整体画面的兴趣。

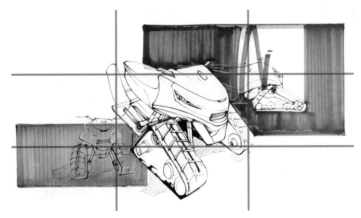

图7-10　中心对称构图

如果想既吸引观者视线又能引导观者观察除焦点以外的其他部分，可以采用黄金分割法或九宫格法等非中心对称构图方式。它可以将效果图的主体部分设置在画面黄金分割点或三分之一处，呈现中心偏离的版式结构，这种版式结构可以起到增加画面可读性、趣味性及进行视觉引导的作用，如图7-11所示。

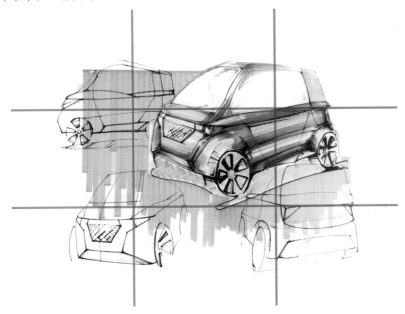

图7-11　非中心对称构图

在调整画面构图的基础上，也可以通过创建色彩对比和调整视觉重量的方式在画面中设置视觉焦点并进行视觉引导。

在画面中，明度和纯度更高的颜色(如红色、橙色)相比其他颜色会显得更为突出，更能作为视觉焦点。而主体的颜色与背景色的对比越强，它在画面中就会越突出。选择颜色时，不要为了单纯地追求画面效果而选择过多的饱和色，以免给观者造成视觉干扰而影响画面效果。

在完整的效果图中，体量较大的绘图模块相较于体量较小的绘图模块看起来会更加突出。例如，在整个版面中，产品主效果图占到画面一半左右的尺寸，会使重点表现的主效果图更为突出。

手绘效果图中强调的轮廓线、画面的构图版式、颜色的对比、绘图模块的体量等视觉特征都可以改变画面某一部分的视觉重量，在效果图中起到平衡画面的作用。因此，在效果图的绘制过程中，需要综合运用以上的手段创建画面整体的视觉层级，以起到视觉引导的作用。

在创造视觉层级时还需要注意画面中所体现的视觉深度，如果在画面的一边绘制太多的内容，就会在视觉上产生一种不平衡的感觉。一般来说，主效果图作为视觉焦点应放置在版面中离观者较近的位置，作为次要模块的单色线稿应放置在版面中视觉远端的位置，如果相反的话就会造成由构图产生的视觉深度的冲突。颜色的冷暖也会产生这种视觉效果，暖色调的画面会感觉在视觉近端，而冷色调的画面会感觉在视觉远端，因此在选择主体效果图的背景色时也要考虑以上因素以避免造成视觉冲突。

第 **8** 章

优秀作品欣赏与解析

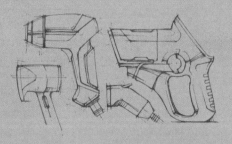

8.1 快题效果赏析

如图8-1~图8-10为学生创作的优秀快题作品。

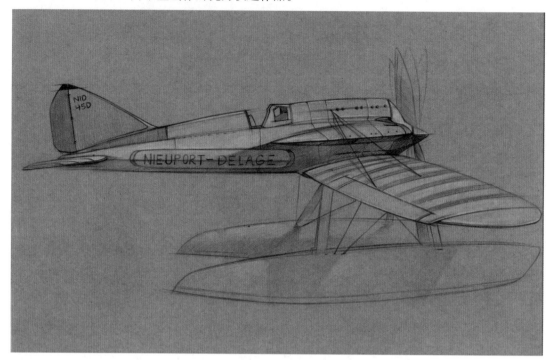

图8-1 学生作品(1)

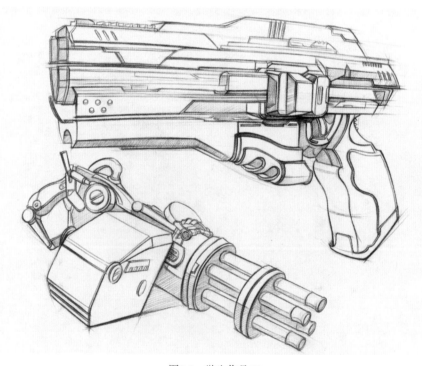

图8-2 学生作品(2)

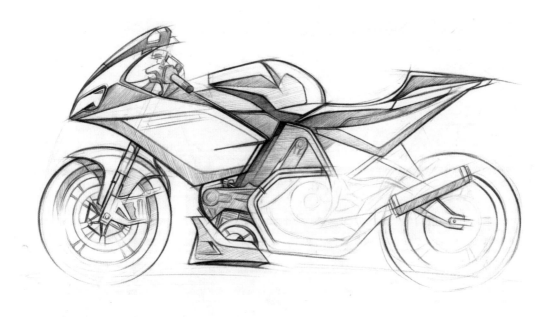

图8-3 学生作品(3)

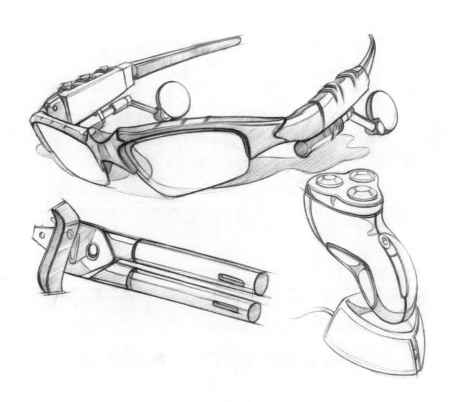

图8-4 学生作品(4)

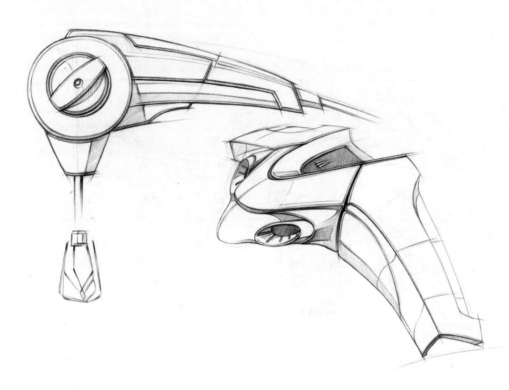

图8-5　学生作品(5)

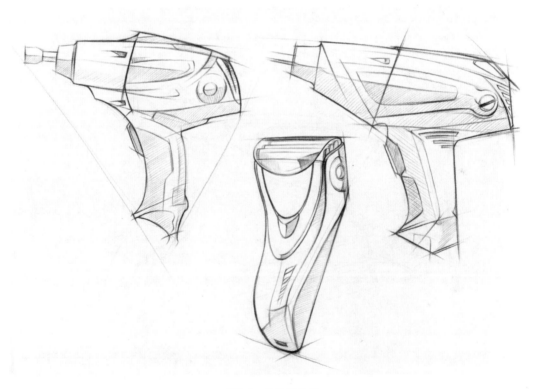

图8-6　学生作品(6)

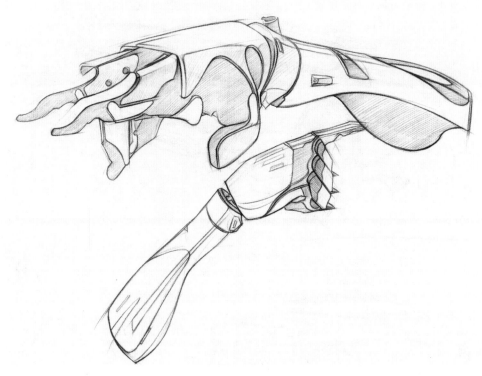

图8-7　学生作品(7)

图8-8　学生作品(8)

图8-9　学生作品(9)

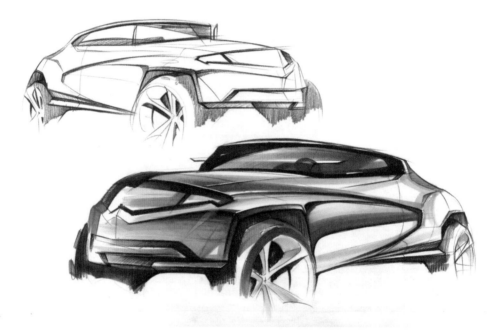

图8-10　学生作品(10)

8.2　创意阶段效果图赏析

　　在产品初创期，企业和设计师的交流阶段，快速绘制表现产品的效果图是设计师需要掌握的一项重要技能，在快速表现中要多角度地展现产品的设计创意。在产品设计的前期阶段，需要尽可能多地发散思维，手绘的过程能够激发设计灵感，几条看似随意的线条可能会给设计师新的启发。

　　如图8-11～图8-14所示，是一些产品前期创意阶段的效果图。

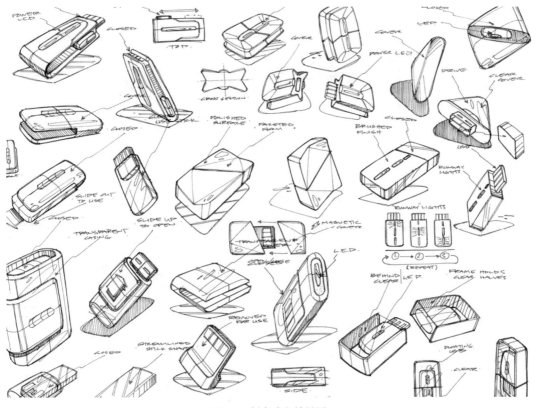

图8-11 创意阶段效果图(1)

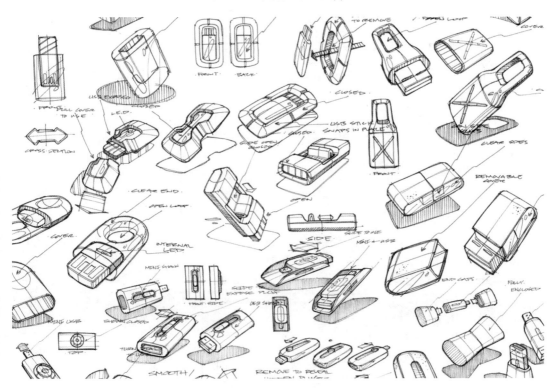

图8-12 创意阶段效果图(2)

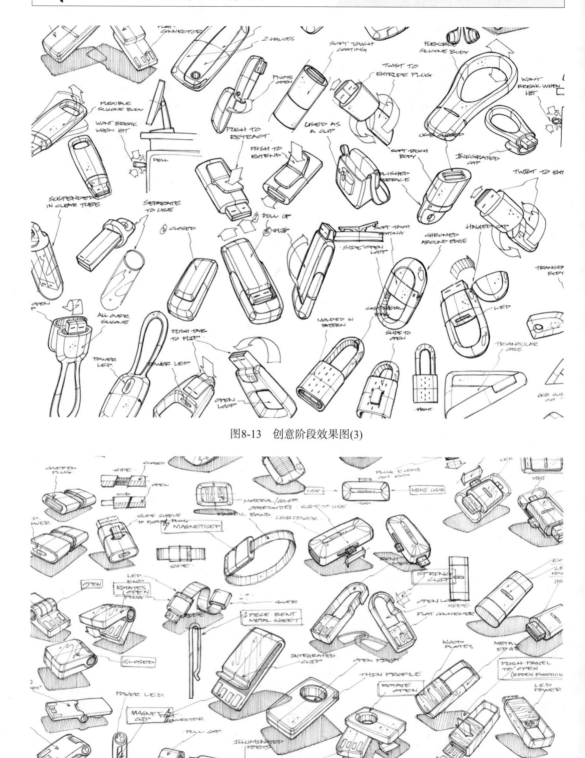

图8-13　创意阶段效果图(3)

图8-14　创意阶段效果图(4)

8.3　经典效果图赏析

图8-15～图8-24为巴西著名艺术家阿多尼斯·阿尔西奇(Adonis Alcici)的设计作品，他的马克笔手绘技法非常娴熟。

图8-15　设计师作品赏析(1)

图8-16　设计师作品赏析(2)

图8-17　设计师作品赏析(3)

图8-18　设计师作品赏析(4)

图8-19 设计师作品赏析(5)

图8-20 设计师作品赏析(6)

图8-21　设计师作品赏析(7)

图8-22　设计师作品赏析(8)

图8-23 设计师作品赏析(9)

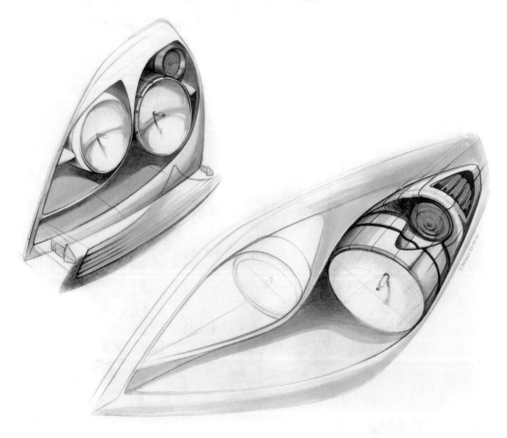

图8-24 设计师作品赏析(10)

俄罗斯的汽车设计师弗拉基米尔·斯基特(Vladimir Schitt)，他绘制的汽车产品效果图，采用了多种表现手法，图8-25～图8-28为水彩系列表现，图8-29～图8-31为汽车线稿系列表现，图8-32和图8-33为底色高光系列表现，图8-34和图8-35为水彩笔线条系列表现。

图8-25　汽车设计师水彩系列表现(1)

图8-26　汽车设计师水彩系列表现(2)

图8-27 汽车设计师水彩系列表现(3)

图8-28 汽车设计师水彩系列表现(4)

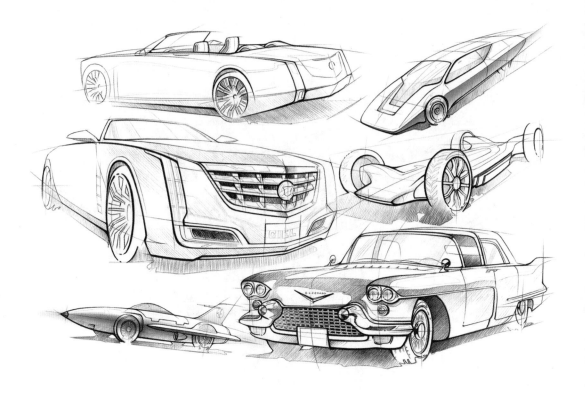

图8-29　汽车设计师线稿系列表现(1)

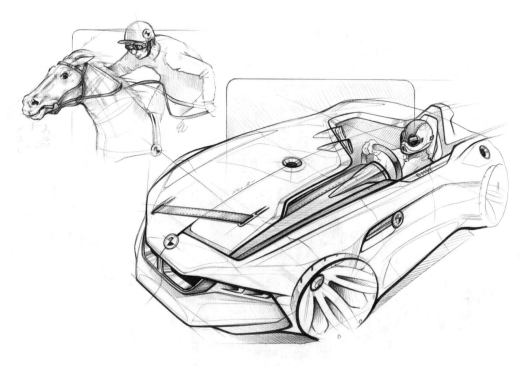

图8-30　汽车设计师线稿系列表现(2)

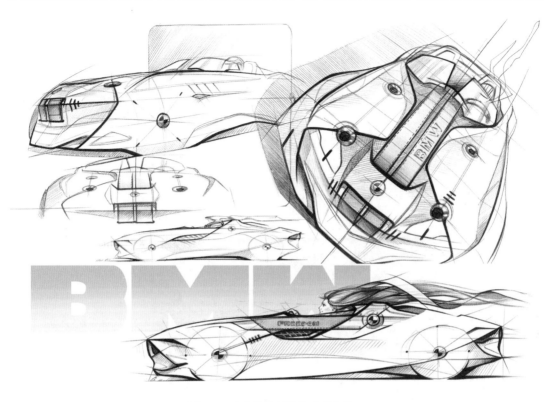

图8-31 汽车设计师线稿系列表现(3)

图8-32 汽车设计师底色高光系列表现(1)

图8-33　汽车设计师底色高光系列表现(2)

图8-34　汽车设计师水彩笔线条系列表现(1)

图8-35　汽车设计师水彩笔线条系列表现(2)

图8-36～图8-40是美国著名产品设计师赖德·施莱格尔(Reid Schlegel)绘制的产品设计草图，看上去非常精致、写实。

图8-36　产品设计师水瓶作品创意步骤图(1)

图8-37 产品设计师水瓶作品创意步骤图(2)

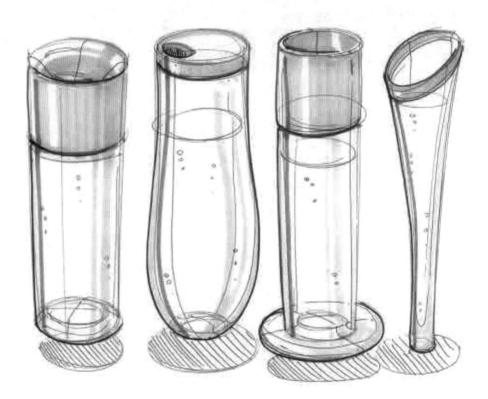

图8-38 产品设计师水瓶作品创意步骤图(3)

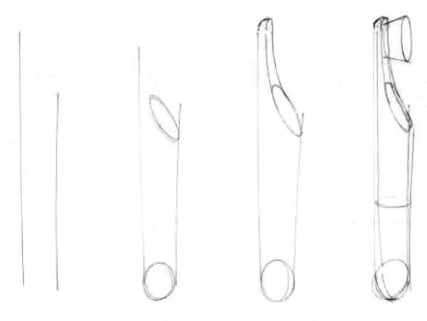

图8-39 产品设计师牙刷产品创意步骤图(1)

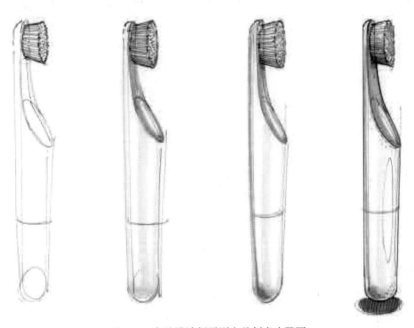

图8-39 产品设计师牙刷产品创意步骤图(2)

169

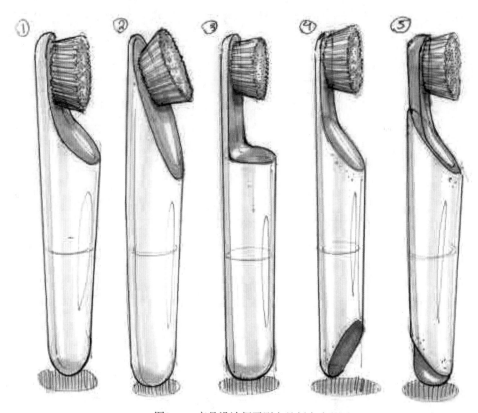

图8-40　产品设计师牙刷产品创意步骤图(3)